微动作心理学

揭秘行为伪装，洞悉行为背后的真相

无脚鸟◎编著

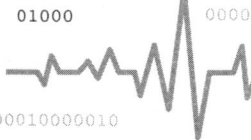

01000000100 0100 1 001010 10 0100010 0000
01000100000100000000100
01000 0000 010001000
100010000010
0100010 0100010 0100
01000100000100
0000 0100
010001 0100010000
0000

山东人民出版社·济南

国家一级出版社 全国百佳图书出版单位

图书在版编目（CIP）数据

微动作心理学 / 无脚鸟编著 . -- 济南：山东人民出版社，2019.10 （2023.3重印）
ISBN 978-7-209-12402-7

Ⅰ . ①微… Ⅱ . ①无… Ⅲ . ①动作心理学－通俗读物 Ⅳ . ①B84-069

中国版本图书馆CIP数据核字(2019)第227458号

微动作心理学

WEIDONGZUO XINLIXUE

无脚鸟　编著

主管单位　山东出版传媒股份有限公司
出版发行　山东人民出版社
出 版 人　胡长青
社　　址　济南市市中区舜耕路517号
邮　　编　250003
电　　话　总编室（0531）82098914
　　　　　市场部（0531）82098027
网　　址　http://www.sd-book.com.cn
印　　装　三河市金兆印刷装订有限公司
经　　销　新华书店

规　　格　32开（145mm×210mm）
印　　张　5
字　　数　112千字
版　　次　2019年10月第1版
印　　次　2023年3月第3次
印　　数　20001-50000
ISBN 978-7-209-12402-7
定　　价　36.80元
　　　　　如有印装质量问题，请与出版社总编室联系调换。

Contents 目 录

Chapter 6　揭秘微动作背后的意图 ························· 109

1

Chapter 1

探秘手部微动作

解译手部语言密码

在人类的各种肢体语言中，手势的动作幅度是最大的，同时，方式也更加多样和灵活。在人类的进化过程中，双手是劳动不可或缺的关键部位，发挥了至关重要的作用，推动了人类的进化历程。我们都知道，一个人的语言可能会欺骗你，但是他的身体语言不会。人们可以在语言上伪装自己，但身体语言经常会"出卖"他们。因此，解译人们的手部语言密码，可以帮助我们更准确地认识他人。

FBI特工克里斯·基特在多年的办案中，发现了这样一个有趣的手部动作：当他向罪犯询问情况时，罪犯一开始都会为自己做强有力的申诉，并不时地用尖塔式手势加以强调，而一旦谎言被揭穿，罪犯便会立即把拇指伸进口袋，以掩饰内心的惶恐和不安。

可见，在一定程度上，手部的动作可以反映一个人的心理活动。我们再来看下面一个故事：

青青在一家民营企业工作，她在大学学的是心理学，对人的心理颇有研究，为此，公司让她全权负责对外谈判业务。

最近，公司正在与一家大型外企接洽，能否做成这单生意关系到公司下半年的经济效益，为此，老总给青青下了死命令，要顺利拿下订单。

经过一系列的准备后，青青带着项目书亲自到外企拜访对方，和其进行深入的沟通，以使项目设计方案更加完美。在交谈的过程中，青青看到对方负责人拿出了一张A4纸，上面密密麻麻地写满了对该项目的建议及不满意的地方。不知不觉间，对方负责人还把双手交叉放在了胸前，脸上写满了质疑。虽然对方负责人并没有明确说什么，但是青青见此情景，马上打起十二分的精神，停止了解释，开始一项一项地按照客户的意见完善方案，即使她觉得客户的方案不好，也没有反驳，而是有理有据地把自己的设计方案为客户演示了一遍。在青青专业、敬业、耐心、真诚的演示下，客户的双臂渐渐地放了下来，投入与青青的讨论中。至此，青青才松了一口气。最终，她顺利地为公司签下了这个大订单。

从这则职场故事中，我们可以发现，青青是聪明的，她在看到客户把双手交叉放在胸前时，就立即意识到这是客户想拒绝和否定的意思，于是，她及时调整策略，成功地打开了客户的心扉，最终顺利签约。相反，假使她看不懂客户的手势语言，而是选择一味地解释，那么，客户肯定会认为她是在强词夺理，从而更加反感她。由此可见，小小的手势里也暗藏着玄机。

可见，手势语言能够生动地反映人类的内心世界。如果能够详细了解手势的含义，就能帮助你更加顺利地洞悉他人的内心。比如，很多时候，人们都会摩擦手掌，因为摩擦手掌代表着丰富的含义，适用于各种情境。摩擦手掌的时候，速度不同，反映的心理状态也不同。摩擦得慢，表明犹豫不决；摩擦得快，则表明满怀期待。

在与人交流沟通时，即使不说话，也可以凭借对方的手势来探索其内心的秘密，对此，我们可以做出以下总结：

如果对方有以下动作，表明他可能在说谎：

（1）当你与对方交谈的时候，如果发现他不时地拉衣领，说明其心虚。此时，你可以这样试探他："请你再说一遍，好吗？"如果对方支支吾吾，前言不搭后语，则说明对方极有可能在说谎。

（2）如果一个人说话时下意识地用手遮嘴或摸鼻子，则代表其有说谎的嫌疑。

如果说话时对方出现以下动作，表明他对你所说之话抱有消极的态度：

（1）当你兴致勃勃地表达观点时，对方却不时地抓耳朵，这表明他对你的话已经不耐烦了，希望你打住话题，也可能希望你能给他一个表达的机会。

（2）如果与你交谈的是一个群体，当你说话的时候，他们多出现交叉双臂或用手遮嘴的动作，则表示他们根本不相信你的话。

（3）说话时用手挠脖子表示人们对所面对的事情有所怀疑或不肯定。

为了获得他人的信任，产生积极的谈话效应，我们可以尽量做出以下动作：

（1）说话时，尽量手心朝上，因为这一手势所传达的信息是：我是坦诚的、不说谎的。

（2）摊开手掌更能赢得他人的信任，但如果这是你的习惯性动作，那么就不灵了。

（3）握手时掌心向上，并垂直与对方握手，能表明你性格温顺，为人谦虚恭顺，愿以彼此平等的地位相交。

十指交叉暗藏玄机

我们都知道，人的手是由手掌和手指组成的，不难想象，手指能产生很多的动作。在人际交往中，想必你会发现，不少人在交谈时有双手手指交叉的动作，那么这一动作是不经意的习惯还是暗藏了什么玄机，我们不妨先来看看下面这样一个心理学故事：

布朗克是一名经验丰富的司法审讯人员，他常被同事们开玩笑称为"神探布朗克"。有一次，他接到上级命令，要对一个巨大的跨国诈骗集团的头目进行审讯。

这名犯罪嫌疑人叫杰森，曾就读于国外一所名牌大学的金融系，同时还拿到了法律系的毕业证书，可以说是一个人才，他深谙如何钻法律的空子挣钱。

刚开始时，审讯工作很难进行，因为杰森确实是太聪明了，他很熟悉警方的办案程序和审讯程序。表面上来看，无论布朗克问什么，杰森都会很配合地回答，但他的答案简直是滴水不漏，布朗克根本找不到任何破绽，他根本分不清杰森的哪句话是真的，哪句话是假的。就这样，审讯进行了好几天仍没有结果，布朗克为此很担忧，因为根据规定，如果扣留嫌疑人一定的时间再找不到证据，就必须要放人，布朗克告诉自己，绝不能让这个犯罪分子逍遥法外。最后，倍感焦急的布朗克接受了学心理学的妻子的一个建议——看对方的无声语言：手势。

后来，布朗克派人悄悄地在审讯室里装了几台摄像机，这样，他便能在审讯结束后看清楚杰森的一举一动。

果然，在看录像带的时候，布朗克发现，嫌疑人的手势发生了改变：在回答某些问题时，杰森的双手很自然地放在腿上一动不动。而在回答另外一些问题时，虽然杰森的眼睛依然十分镇定、真诚地看着他，回答的内容也没有任何破绽，但他的双手却开始不自觉地做十指交叉状。布朗克以此为线索展开案件调查，终于把杰森绳之以法。

也许直到杰森银铛入狱的那一天，他也无法理解自己究竟是哪里漏出破绽。其实，帮助布朗克破案的关键就是"十指交叉"暗喻的心理表现，即是掩饰内心真实想法的外在表现。

的确，在生活中，我们会经常做出十指交叉这一手势，但我们会认为这是个不经意的动作，而实际上，这一动作也是内心情绪的体现，当然，十指交叉的手势，手位置的高低与消极情绪的强弱有关，较高位置的十指交叉比较低位置的十指交叉更消极、更抵触。具体来说，有以下几点：

1. 十指交叉，双手紧握

说明对方已经开始自我否定了，他的内心是沮丧和消极的，如果与他较量，此时就是你一举拿下对方的最好时机。

2. 十指交叉，放在大腿上，并且伴有拇指指尖相顶

说明此人处于比较尴尬的境地，不知如何自处，或者是谈话内容让他感到进退两难。当对方出现这种手势时，我们不妨给出几个建议，让他进行选择。

3. 十指交叉，自然放置

说明对方此时心平气和，并且比较自信。如果希望对方接受你的论点，想必你要找出一些强有力的证据。

4．十指交叉，一手手指抚摸另外一手

说明此时对方内心比较不安、焦虑，或者处于高压或怀疑的情况下，这一动作是为了安慰自己的大脑，与对方接触和谈话时，首先要做的就是给对方信任感，让对方安静下来，使其愿意接受自己，对自己敞开心扉。否则，双方沟通会很困难。

5．十指交叉，眼睛平视对方

出现这种手势说明对方已经失去耐心，正在压抑内心的不满。此时，应该把话语权交给对方，或者停止交谈，以免引起对方的反感。

6．十指交叉，放在脸前

这是一个十分明显的敌对动作。当对方做出这种动作的时候，就传达出"别说了，我不想听""我不相信你""我不认为这个可行""我想结束谈话"等消极情绪，此时你应该结束谈话。

7．十指交叉，放在胸腹之间

说明此人已经在心里拒绝了你。此时，即使你再强调自己的观点，对方也不可能再接受你，你可以采取另外一些较为轻松的交流方式，如先为对方送上一杯饮料。总之，要想办法让对方解除十指交叉的姿势。否则，他会拒绝你所有的想法和观点。

总的来说，十指交叉手的位置的高低与消极情绪的强弱有关，较高位置的十指交叉比较低位置的十指交叉更消极、更抵触。所以，当对方做出十指交叉手势时，你不要再认为这是一个不经意的动作了。

拨弄头发背后的含义

我们都知道，人的手部动作有很多种，不同的动作会传达出不同的心理信息。可能你曾有这样的疑问：在交谈的过程中，对方总是喜欢用手指玩弄头发，这是习惯还是下意识动作？我们不能排除前者这一原因，但大部分情况下，人们之所以会有这样的手部动作，是因为内心紧张。不断地拨弄头发，能帮助其缓解压力。如果你能看到这一细小的手部动作背后的含义，并做出具体的应对措施，相信能帮助你成为一个善解人意的人。

对此，我们不妨先来看看下面的故事：

李武攻读完心理学硕士研究生以后，被一家心理学机构高薪聘请，但因缺乏实战经验，他被安排在最底层的岗位实习一个月，自然，这也在情理之中。

一天下午四点左右，他遇到一个麻烦的客户，很多问题他都解决不了，大家又都在忙，他想，去问主管吧，刚好可以交流一下。当李武敲门进去的时候，主管正在看一本杂志，他想，做领导真好，这么悠闲。于是，李武慢慢地把事情和领导说清楚，可是，李武却注意到了领导的一个动作：领导在听自己说话的时候不断地用手拨弄头发，领导的头发很短，很明显，这不是头发乱了的缘故。根据李武曾经看过的心理学书籍，他知道，领导大概是遇到了什么事情，有巨大的压力，再一看，领导办公桌上有一封信，并不是公司的信件。李武明白了，估计刚刚主管看杂志也是想让自己镇定下来，于是，为了不打扰主管，李武找了个理由离开了办公室。走出办公室后，李武问主管秘书发生了什么事，原来是主管在美国的老父突然病逝，昨天寄来了信。

这天下班后，李武并没有着急回家，而是等在公司大厅，后来，主管出来了，李武拍了拍他的肩膀说："不要伤心了，走，去喝一杯。"主管先是一惊，心想李武是怎么知道的？但无论如何，他还是答应了。那天晚上，半醉之下，主管跟李武说了很多掏心挖肺的话，尤其是老父亲辛苦培育自己的不易。

那次之后，李武便和主管在私下成了最铁的朋友。

毕竟是学心理学的，从领导的几个小动作中，李武就看出了他有心事急需平静，便不再打扰，聪明的他很快又从秘书那里得知发生了什么事，然后他便充当了一个知心朋友的角色，领导就会感觉到李武的善解人意，关系自然会拉近一步。

从这个故事中，我们不难发现一点，人们的很多不经意的小动作其实并不是习惯使然，而是有一定的心理原因。比如，玩弄头发就是心理解压的象征。当然，有同样含义的动作还有很多种，如拨弄外套上的纽扣，把餐巾纸折来折去，也可能是不断地变换坐姿、抖脚、手指头像弹钢琴般来回敲打桌面。

那么此时，我们该怎么做呢？对此，我们应该做的是让其分心，阻止其继续钻牛角尖。否则，压力就会像滚雪球般越滚越大，切忌不断地逼问其到底发生了什么事。贴心的你可以将心不在焉的他拉回现实，邀他到公园散步、唱歌、跳舞、运动、看电影等，依靠另一种活动引起他的兴趣。在从事这些舒缓压力的活动中，一般来说，他是能从烦心事中抽离出来的，此时，他便极有可能将导致压力产生的原因告诉你，你们之间的关系必定会更进一步。故事中的李武所选择的处理方式便是陪领导喝一杯，"酒逢知己千杯少"，几杯酒下肚，对方自然会对你掏心掏肺，内心的压力也就倾诉出来了。当然，许多时候，他也未必透彻了解自己的烦心事因何而来，这需要你慢慢引导。

手掌动作传达出的信息

我们都知道，一个人的举手投足都可能是某种心理活动的显现，而对于手部而言，能产生动作的除了手指，还有手掌，这也是人们在做心理活动分析时常常忽略的地方。著名的语言学家皮斯夫妇发现，手心向上往往没有恶意，表示妥协、服从、接纳和邀请，好像在说"我是坦诚的""我手里没有武器"；而翻转手掌，手心向下，则代表权威、地位、命令和抗拒。这就是手掌动作向我们传达出的信息。对此，我们先来看看下面一个心理故事：

小湖是一个长相一般的女孩，她出生在一个三口之家，做着一份普通的工作，但她觉得十分幸福。因为她有一个十分疼爱自己的男朋友，叫林建。转眼间，他们已经恋爱三年了，也到了谈婚论嫁的年纪，林建决定将小湖带回家见见父母。

林建在向小湖说了这件事之后，小湖就紧张了，因为她听周围的很多姐妹说，未来婆婆在见儿媳妇时都会挑三拣四，甚至很排斥，如果林建的母亲反对，她和林建很有可能面临分手。尽管林建一直安慰她，并称自己的妈妈很和善，也很开明，不会有反对意见，但小湖还是一直忧心忡忡。

后来有一天，小湖遇到了自己一个开心理诊所的同学，她提到了自己的烦恼，这位朋友听完之后便给出意见："其实，我觉得很简单，你要想知道他妈妈对你的意见，在会面时就能了解到，如果她真的如你男朋友所说的那样和善，她一般会有个动作——摊开手掌，反过来，她的手心就是向下的，了解了她的想法后，你再做下一步打算。"

小湖得到指点后，便有了底气。这天，她穿着得体、谈吐大方，林建母亲乐得连连点头，正如同学所说的，小湖注意到了一点，自打她进林建的家门，她就看到了老太太摊开的双手，果然，林建没有撒谎，她的母亲是个和善的人。

从这则故事中，我们可以看出，一个人在内心接纳另外一个人的时候，会有一个手部动作——掌心向上，这是要告诉对方：我欢迎你，喜欢你。在人际交往中，如果你看到这一动作，证明对方有与你交往的愿望，你可以与之侃侃而谈。

反过来，一个人在拒绝或命令他人时，手心往往都是向下的。我们都知道，纳粹元首希特勒有个著名的敬礼姿势，其手心就是朝下的，不难想象，希特勒在敬礼时如果掌心向上，谁还会把他放在眼里？

另外，细心的人可能会发现，一对情侣在牵手时，大部分情况是女孩子手心向上，男孩子手掌向下，这说明了男士的强势和女士的顺从。

在与人交谈中，一旦你摆出手心朝下的手势，你在对方眼中的权威就会立刻大增。假如你和对方的身份和地位平等，当你提要求时手心朝下，他可能会觉得你太霸道；假如你在推销或汇报工作，那么从对方的手心可以看出他对你是不是还心存戒心，从而知道自己是否应该少说点或者换个说话方式；但假如你是上司，手心朝下就会增加你的威严，让人觉得不怒自威。

具体来说，手掌部位还有哪些动作，又能传达出怎样的内心秘密呢？

1．掌心向上

掌心向上往往没有恶意，表示妥协、服从、接纳和邀请，好像在说"我手里没有武器""我愿意接受你""我是坦诚的"等。

2．掌心向下

代表权威、地位、命令和抗拒。我们拒绝或命令他人时，手心往往都是向下的。

3．十指交叉

在交谈过程中，如果对方下意识地将双手交叉扣在一起，表示对方对你表达的意见持相反态度，正准备选择合适的时机反驳你。这时，你要准备应对对方的相反意见。

4．合掌伸指

合掌伸指是日常交往中表意最明显也最强烈的一个手势。它有指示、命令对方去做某事之意。因此，在日常交往中，一般不要对对方做出合掌伸指的手势，因为这会引起对方强烈的反感。

特别要注意的是，在马来西亚和菲律宾，这样的手势表示对别人的侮辱，一定要注意文化差异，不要触犯了民族情绪。

握手的类型与含义

我们都知道，人是这个世界上最具智慧的一种动物，人能了解许多事物，却难以了解人本身。难以捉摸的是人的心理、人的需求、欲望和人的个体特征，但也并不是无所了解。

现在来回想一下，与人见面，我们做得最多的动作是什么？应该是握手吧！其实，握手这个简单的动作，也暗藏玄机。美国心理学家伊莲嘉兰曾对握手的含义进行了分类，认为：握手有8种类型，每种类型都代表着不同的含义，显示出不同的性格。

握手是社交活动和商务礼仪中不可或缺的一部分，虽然其中包含了很多礼仪规则，但是，人们还是喜欢按照自己的方式来进行这个"仪式"，从人们不同的握手方式中，可以看出一个人内心的一些想法。我们先来看看下面一个故事：

杨慧是一名刚毕业的大学生，娇生惯养的她选择去农村锻炼，尽管父母都不同意，但她还是踏上了去基层的车。

杨慧听学校的老师说，她要去的那个村的村民都很热情。果然，还没下车，她就看到村民和孩子们都在村口拉起了横幅迎接她，等她从车上下来，村主任就凑过来，用双手紧握住杨慧的手，接下来，村民们都挨个儿用同样的方式跟杨慧握手，杨慧都不知道该怎么回应了，就只好和他们拥抱，不到一会儿工夫，大家都熟稔了。杨慧心想，只有农村这样一片热土才能养出这样热情的人。

在这则故事中，迎接杨慧的村民都是热情十足的人，从他们握手的方式就能看出——每个人都是用双手握手。生活中，每一个人握手的方式多少都会有点不同，握手方式与性格也有着密切的联系，以下是8种握手方式：

1. 蜻蜓点水型

握手的时候力度非常轻，只是轻柔地接触握着。这一类型的人随和豁达，不是一个偏执的人，他们非常洒脱地游戏人间，非常谦和。

2. 摧筋裂骨式

在握手的时候会紧紧抓着对方的手掌，力度很大地挤握，对方会感觉很疼。这一类型的人精力充沛，自信心很强，是一个独断专行的人，但是在领导和组织方面才能出众，是个适合做领袖的人。

通常来说，那些喜欢使劲儿捏别人手的人，大多做起事来风风火火，也很少听从别人的意见，但是这种毫不压抑自己真实感受的做法释放了他们心中的压力。

3. 双手并用型

在和人握手的时候喜欢两只手一起握住对方。这一类型的人非常热忱温厚，心地很善良，会对朋友推心置腹，爱憎分明。

4. 规避握手型

这一类型的人会不愿意和别人握手，个性比较内向、胆怯。虽然保守，但是很真挚，不会轻易地付出感情，但是一旦有了情谊，这份情会比金坚，无论是对朋友还是对爱人。

5. 用指抓握型

在握手的时候，只用手指的部位握住对方的手掌心，不和对方有过多的接触。这一类人一般比较敏感，情绪很容易激动，但其实个性平和，心地善良，有同情心。

6．持续作战型

如果对方握着你的手，很长时间都没有收回，即持续作战型。这表明他对你很感兴趣，想大胆直白地与你更深入地交流。但是，如果在谈判前，对方握着你的手不放，则可能是他在测验两个人之间的支配权，此时，如果你先收回手，说明你没有对方有耐力，交涉时胜算不太大。

7．上下摇摆型

在握手的时候，紧紧握住对方并且会不断地上下摇动。这一类型的人是很乐观的人，他们对人生充满希望，积极热忱，经常会成为焦点人物或中心人物，受到他人的仰赖。

8．沉稳专注型

握手的时候力度适中，动作很沉稳，而且双眼会看着对方，这一类人的个性都比较坦率，很有责任感，给人很可靠的感觉。他们心思缜密，对于腿力非常擅长，会经常提出一些有建设性的意见，受到很多人的信赖。

总之，握手是对人友好的表现。但事实上，握手的方式不仅能影响双方下一步关系的发展，还能从握手中看出一个人的心理及性格特征。

怎样才能"握好手"

握手，是交际中的一个重要部分。通常，和人初次见面，熟人久别重逢，告辞或送行等都可以握手表示自己的善意。人们之间的很多情感都在握手间传递。握手的力量、姿势与时间的长短往往能够表达出握手对对方的不同礼遇与态度，显露自己的个性，给人留下不同的印象，也可通过握手了解对方的个性，从而赢得交际的主动。美国著名盲聋哑女作家海伦·凯勒说："我接触的手有能拒人于千里之外的；也有给人充满阳光，感到很温暖的。"

那么，怎样才能"握好手"呢？为此，我们需要注意以下几点：

1. 应当握手的场合

遇到较长时间没见面的熟人；

在比较正式的场合和认识的人道别；

在以本人作为东道主的社交场合，迎接或送别来访者时；

拜访他人后辞行时；

被介绍给不认识的人时；

在社交场合，偶然遇上亲朋故旧或上司时；

别人给予你一定的支持、鼓励或帮助时；

表示感谢、恭喜、祝贺时；

对别人表示理解、支持、肯定时；

得知别人患病、失恋、失业、降职或遭受其他挫折时；

向别人赠送礼品或颁发奖品时。

通常，上述所列举的情况都适合握手的场合。

2. 握手的要求

①先做自我介绍，再伸出手。通常是高职位的人或者女人、长者先伸手，表示愿意与对方握手。如果他们没有伸手，你应该等待。若是对方非常积极主动地先伸出手来，你一定要去回握，否则不但会让对方感到尴尬，也会显得你不懂礼仪。

②握手时，要与对方的目光接触，面带笑容。目光接触显示了你对别人的重视和兴趣，也表现了你的自信和坦然，同时，还可以观察对方的表情。

③握手时，距对方约一步远，上身稍向前倾，两足立正，伸出右手，四指并拢，虎口相交，拇指张开下滑，和受礼者握手。

掌心向下握住对方的手，显示出一个人强烈的支配欲，这无声地告诉别人，他此时处于高人一等的地位。应尽量避免这种傲慢无礼的握手方式。

相反，掌心向里握手则显示出一个人的谦卑和毕恭毕敬。平等而自然的握手姿态是两手的手掌都处于垂直状态。这是一种最普通也最稳妥的握手方式。

④如果需要和多人握手，握手时要讲究先后次序，由尊而卑，即先年长者后年幼者，先长辈再晚辈，先老师后学生，先女士后男士，先已婚者后未婚者，先上级后下级。

在公务场合，握手时伸手的先后次序主要取决于职位、身份。而在社交、休闲场合，则主要取决于年龄、性别、婚否。

⑤握手要有一定的力度，这表示了一个人拥有坚定、有力的

性格和热切的态度。没有力度的手就是"死鱼"式的手。但也不要握得太紧，好像要把对方的骨头都捏碎一样，这样会显得你居心不良。

⑥握手时间约为5秒，如果少于5秒会显得过于仓促，握得太久则会显得过于热情，尤其是男性握着女性的手，握得太久，容易引起对方的防范之心。

还需要记住的一点是，如果你的手容易出汗，千万要在握手前悄悄把手擦干。当然，你在握手时，不妨说一些问候的话，握紧对方的手，语气应直接而且肯定，并在强调重要字眼时，通过紧握着对方的手，来加强对方对你的印象。

了解八大握手禁忌

在交际应酬之中，相识者之间与不相识者之间往往都需要在适当的时刻向交往对象行礼，以表示自己对对方的尊重、友好、关心与敬意。握手是交往中最常见、最普通的礼节。然而，在这一个简单的动作中，却有着很大的学问，会不会握手，如何握手才显得大方，关系到我们人际关系的好坏。我们先来看看下面一个故事：

晴晴今年二十八岁，已经跨入了大龄剩女的行列。和所有处在这个尴尬年纪的人一样，在她的心里其实是渴望爱情的，但由于工作环境相对封闭，她实在缺少与异性交往的机会。于是，她只好接受家里或朋友安排的相亲，然而半年下来，却一无所获。

后来，晴晴在网上认识了青年阿东，阿东比晴晴大两岁，晴晴的大方、善解人意深深吸引了阿东，而晴晴也欣赏阿东的细腻、柔情。在网上交谈了一个多星期后，阿东提出与晴晴见面，晴晴也答应了。

会面的地点是一家优雅的咖啡厅。晴晴在出门前精心打扮了一番，一袭白色的连衣裙，将晴晴清新脱俗的气质完美地展现了出来。不过周五晚上，交通似乎很堵，晴晴赶到咖啡厅的时候，已经晚了大约十分钟，她为此有点紧张，生怕给对方留下不好的印象。不过，她在进门前还是深吸了一口气，看到帅气的阿东已经在四处张望寻找晴晴的影子了。于是，晴晴很大方地走过去，伸出右手，说了声"你好"，但令晴晴感到奇怪的是，对方在回答"你好"的同时，只是在手心搓了搓，并未与晴晴握手，这让晴晴感到很不舒服，于是她心想："难道是介意我迟到十分钟吗？即便如此，也不能这么没礼貌吧？"

接下来，在整个过程中，尽管阿东在努力寻找话题，也无法让晴晴找到舒适的感觉，半个小时的谈话过程对晴晴来说实在是煎熬。当然，他们之间也就没有了下文。

半年后，晴晴通过相亲认识了一个不错的男孩，并成功结婚。一次上网时偶然想起了这个阿东，便和对方打了个招呼，然后聊了起来，提到当日的情形，阿东还是很疑惑："我不知道自己是哪里做错了，说实话，我很喜欢你，但我觉得你对我应该没什么意思，就没纠缠你了。你说那时没和你握手，是因为我当时太紧张了，手心都是汗，我觉得这样的状态和一个女士握手，实在很尴尬，哎，没想到，就这样让你产生了误会……"

这是一个很令人惋惜的故事，故事中的男孩阿东因为拒绝和女孩晴晴握手而失去了心爱的姑娘，尽管这是一个误会，但告诉我们，拒绝和别人握手是极其不礼貌的行为，会引起对方的不快甚至反感。

可见，在行握手礼时一定要做到合乎规范，以下是八点关于握手的禁忌，应努力巧妙地避免：

（1）不要用左手相握，尤其是和阿拉伯人、印度人打交道时要牢记，因为在他们看来左手是不洁的。

（2）在和基督教信徒交往时，要避免两人握手时与另外两人相握的手呈交叉状，因为这种形状类似于十字架，在他们眼里是很不吉利的。

（3）不要在握手时戴着手套或墨镜，只有女士可以在社交场合戴着薄纱、手套握手。

（4）握手时另外一只手不要插在衣袋里或拿着东西。

（5）握手时不要面无表情、不置一词或发表长篇大论、点头哈腰，过分客套。

（6）握手时不要仅仅握住对方的手指尖，好像有意与对方保持距离。正确的做法是握住整个手掌，即使对异性，也要这么做。

（7）握手时不要把对方的手拉过来、推过去，或者上下左右抖个不停。

（8）不要拒绝和别人握手，即使有手疾或汗湿、弄脏了，也要和对方说一声"对不起，我的手现在不方便"，以免造成不必要的误会。

八种令人反感的握手方式

我们都知道，人们在社交中行握手礼，是为了得到他人的认同和欢迎，但有些时候，事与愿违，让对方产生了反感情绪，这是因为人们选择了错误的握手方式。心理学家建议，无论何时何地，都不要使用以下八种最不受欢迎的握手方式：

1. "死鱼式"握手

对曾与多数人握手的人来说，这也许是他们最不想遇到的握手方式了，尤其当他们握的是一双冰凉且黏糊糊的双手时，感觉会更糟。你可能会觉得，这真是个软弱无力的人，好像谁都能将他的手掌翻过来。在别人看来，他必定也是个缺乏责任心的人，连两人见面时的义务和责任甚至都有可能不愿意承担。

当然，不得不说的是，这种情况不能一概而论，因为地域差异，在一些亚洲和非洲地区，这种轻柔的握手方式反而是正确的，强硬者则是不受欢迎的。

不过，最让人感到惊讶的是，很多使用这种"死鱼式"握手法的人并没有意识到其负面影响。因此，当我们决定使用何种握手方式前，最好先询问一下身边的朋友对自己握手的方式有何意见。

2. 摧残式握手

我们先来看看下面一个故事：

唐芬是一家大型生产婴幼儿用品公司的老总，手下有近千人，可以说是一名成功的现代女性，从她十八岁开始创业到现在三十五岁的这十七年里，唐芬从未怕过谁。但最近，她遇到了一个恶毒又犀利的商业竞争对手，对方甚至连半点儿怜香惜玉之心都没有。

还记得那天，唐芬应邀参加一个商业晚会，会上，她被引见认识了一个姓龙的同行，握手时，唐芬感觉自己的手指都快被捏断了，这哪是在握手，分明是在谋杀。当然，尽管疼痛难忍，唐芬也没有叫出声来。回家后，唐芬心想，此人如此不近人情，应当提防，于是，以后在出现此人的场合，唐芬总是开玩笑地说："你的手力气太大，上次领教过了，我可不想自己的手残废，都熟稔了，握手什么的就免了吧。"

故事里，唐芬遇到的这个人就是在使用摧残式的握手方式。在所有握手方式中，最令人生畏的莫过于这种握手方式了。因为它不但会让你感受到强大的被侵略的力量，还有可能对你的身体造成伤害。

在一些场合，有些人在与他人握手时，为了占领先机、先发制人，会把全身的力量都集中在手部。在与这样的人握手时，你会觉得自己的指关节都快被捏碎了。而如果你右手戴了戒指的话，一刹那会觉得手已经被划伤了。

最不幸的是，对于这种霸道得不近人情的握手方式，我们并没有很好的办法可以制止。假设你已经知晓对方是恶意为之，你可以让所有人注意到这一点，"天啊，你把我的手握得好疼啊。你的力气实在太大了。"如此一来，他就不得不有所顾虑，在握手时就会有所收敛。

3．点到为止式握手

这种握手方式多发生在异性见面问候时，一般来说，是因为一方没注意到另一方发出的握手邀请，而当其意识到想补救时，便在慌乱中点到为止地握了握手。

这样的人看似热情，其实内心缺乏自信，通常他不能肯定对方是否会回应自己的邀请。假如你遇到了类似的情况，你可以用左手拉过对方的右手，轻轻地放到自己的右手中，然后微笑着对他说："我们重新来一次，好吗？"最后再与对方以平等的方式握手。这样做，能让对方感受到你的热情和对他的尊重，他也会对你留下好印象。

4．老虎钳式握手

有控制欲的男性通常喜欢这样的握手方式，但也有一些"纸老虎"会通过此方法为自己造势。

5．单刀直入式握手

这种单刀直入的握手方式体现出来的是使用者性格中好胜的一面，而这种方式最主要的目的就是与对方保持一定的距离，使其远离自己的私人空间。他们甚至还会将身体稍稍前倾，或是将重心转移至一只脚上，以此来使自己的私人空间不受侵犯。

6．扳手式握手

善于弄权的人对这种扳手式的握手可谓是青睐有加，而这种握手方式的受害者则常常会因为对方用力过大而疼得热泪盈眶，更有甚者，还会因此而使韧带受伤。和他们握手时，握手双方中的一方会用力抓住对方伸出的手，与此同时忽而发力，将对方朝自己这边猛然一拉。结果，被拉的一方往往会因为身体失去平衡而乱了方寸。

7. 压泵式握手

这种握手方式带有浓厚的田园色彩，不难想象，其动作就好像是握住水泵的手柄，用力且有节奏地上下快速摇动。

其实，这样的握手动作并非完全不能接受。但其最大的问题是，他们似乎很钟爱这一握手方式，只要你不停止，他就会一直摇下去，好像真要从你的手中摇出点水来。

8. 荷兰式握手

这种握手方法源自荷兰，从本质来看，似乎多少与素食主义者有点关系。在荷兰，人们称这种握手方法为"胡萝卜串式握手"。说起来，这种握手方式与第一种死鱼式握手算是远亲，只不过力度显得更大，但摸起来感觉要干燥许多，没有那种湿乎乎的恶心感。

2

Chapter 2

解密眼部微动作

眼神是无法掩饰的

在人类的所有感觉器官中，眼睛是最重要的器官之一。科学家经过研究证实，人类有80%的知识都是通过眼睛观察得到的。眼睛不仅可以让我们读书认字、看图赏画、欣赏美景、观察人物，还可以帮助我们辨别不同的色彩和光线，然后将这些视觉、形象转变成神经信号，传送给大脑，从而增强我们的记忆能力。

人们常说："眼睛是心灵的窗户。"灵魂储藏在你的心中，闪动在你的眼里。孟子在《离娄章句上》中有一段通过观察人的眼神来判断人心善恶的论述："存乎人者，莫良于眸子。眸子不能掩其恶。胸中正，则眸子瞭焉；胸中不正，则眸子眊（眼睛昏花）焉。听其言也，观其眸子，人焉（藏匿）哉？"眼神毫不掩饰地展现了一个人的学识、品性、情操、性格等。戏剧表演家、舞蹈演员、画家、文学家、诗人都着意研究人类的眼睛，认为它是灵魂的一面无情的镜子。

在交谈的过程中，眼睛是仅次于语言的重要工具。人与人之间除了需要语言的交流外，眼神的交流也是必不可少的。在人类的面部表情中，眼神是最为微妙复杂的，不管是用眼神表达信息，还是准确地理解别人的眼神所表达出来的信息，都非常困难。但很多时候，眼神是无法掩饰的，它往往更能真实地表达出一个人的品质、修养以及心理状态。如果能够充分地理解别人的眼神所表达的意思，就能够觉察到对方真实的内心世界，从而更好地与之交流。

杜红是刚毕业的一名大学生，有幸的是，她应征上了一家大型公关公司的策划人职位，成为人们羡慕的白领一族。

上班第一天，她谨慎地来到公司，如她所料，办公室里果然是美女如云，站在人群中，杜红突然有了一种"丑小鸭"的感觉，正在这时，一个美女走过来，热情地冲杜红打招呼，杜红自然也是热情地回应，然后杜红也打量了一下这位同事，她颇有王熙凤的风范：一身很惹眼的名牌。而正当这位同事和自己说话时，她看到其他好几个同事都投来鄙夷的眼神，杜红立刻意识到这应该是一个不受欢迎并且爱表现的同事，然后她给自己敲了一个警钟：以后不要和这个同事深交，否则她不仅在职业上没有上升的空间，还会得罪所有人。

上班的第一天，根据自己的观察，杜红把办公室里的同事以及领导划归为几个类型。并用不同的方式与他们相处，果然，不到半年，她就在一片支持声中升职了。

现代社会的职场人士，除需要具备一定的职业能力外，还必须学会怎么和同事、上司相处，杜红的聪明之处，就是她在上班的第一天，通过同事们的眼神了解到办公室的同事关系，给自己打了不同的预防针。

那么，不同的眼神有什么不同的含义呢？下面，让我们一起来学习一下。

1. 眼神能反映一个人的自信程度

一般来说，自卑的人，其眼神往往躲躲闪闪，很难长久地注视别人，一旦发现别人在注视他，就会将视线突然移开；性格内向的人，无法将视线集中在对方身上，即使偶然看对方一眼，也是一闪而过，这种人往往不善交际；相反，那些自信的人，他们的眼神是笃定的、坚定不移的。

2．眼神能反映一个人的专心程度

三心二意的人，听别人讲话时会一边点头，一边左顾右盼，从来不把视线集中在谈话者身上，这说明听话的人对说话的人以及说话人所说的话题不感兴趣。凝神倾听的人，总是将视线集中在对方的眼部和面部，以表示对对方的尊重和理解；心不在焉的人，注意力则集中在自己正在做的事情上，非但不看着对方说话，而且反应冷淡。

3．眼神能反映一个人的情感

如果两个人彼此心存好感，那么说话的时候往往喜欢注视对方的眼睛，以达到眼神的沟通、心灵的交流；相反，如果两个人话不投机，就会尽量避免注视对方的目光，以消除不快。此外，漠视的眼神给人一种"拒人于千里之外"的感觉，还有一种轻蔑的意思在里面；睐视也是不太友好的表达，给人一种睥睨和傲视的感觉。

4．眼神能透露出对方的精神状态

一个健康、精力充沛的人的眼睛通常明亮有力，眼睛转动灵活机警，眼光清晰。

一个疲劳的人眼睛会显得目光呆滞、眼光混浊。

一个乐观的人眼睛通常充满笑容，善意十足。

一个消极的人往往眼睛下拉，不敢正视别人的目光。

眼球变化体现情绪波动

德国著名心理学家梅赛因也说过：眼睛是了解一个人的最好工具。此言非虚。语言可以说谎，但眼睛不会。很多时候，一个人的眼球变化更能体现其内心情绪的波动。因此，在与人交往中，那些细心、聪明的人往往会根据对方的眼球来判断对方话语的真假。如果一个人在说谎，他的眼球就会转来转去；如果一个人真心实意地对待你，他的眼球所发出的视线就会一直朝向你，表明他不是在说谎。因为如果一个人在说谎，他的内心会很慌张，大脑也会跟着紧张起来，会不停地在想要说些什么话你才相信，所以眼球也会一直乱动，怕你发现他在骗你，逃避你的眼神，不敢正眼看着你，是因为骗你时心里内疚。如果是一些骗人高手，他就会跟着你的眼神走，你看哪，他就跟着你看哪，因为骗你的时候紧张，又怕你发现，所以干脆就跟着你的眼神走。

当一个人心里特别难受的时候，眼里会饱含泪水，但是又不想被人发现，所以眼球看起来会一闪一闪的。如果一个人很开心，眼睛里就会清澈明亮，并且眉开眼笑的。如果一个人很生气，眼里虽说看不到火焰，但是眼神会特别地吓人，而且会一直死盯着你看。如果一个人很恨你，就不只是会用眼神杀死你，更会恶语相加。如果一个人很单纯、善良、天真，他的眼球中就会没有一点儿杂质，很清澈，而且看待任何人都是同一个眼神，不会变换，除非生气、开心，平常都是用同一种眼神看人，要是谁陷入危难，他的眼中便会闪过一丝不安和焦虑，一丝担心和关心。

那么，具体说来，我们该怎样根据对方的眼球来推断对方话语的真假呢？

第一种——说真话时的眼球：谈话时突然中断眼神交流，而往左下方看的时候，表示正在回忆，所说的话有可能是真的。

第二种——说假话时的眼神：谈话时突然中断眼神交流，而往右下方看，表示正在编造谎话。

第三种——对现状表示少许尴尬和回避时的眼神：谈话时，突然中断眼神交流，面带微笑地躲避对方的眼神，是一种窘境的表现，说明你触及了他内心的羞愧感。

当然，要看一个人说话的真假，不仅要学会看眼球，还要学会看行为举止以及说话时的语气和表情，要多方面地去观察。

眼睛是心灵之窗

在人的脸部，眼睛是最灵动和最敏感的，它是心灵的一扇窗户，眼神所传递出的信息往往是另一种动人心弦的真情。诚如人们所说的"会说话的眼睛""眼睛是心灵之窗"，人在各种时候，不同的思绪动向都会反映在眼睛中。通常人心中所想的事物，眼睛会比嘴巴更快地说出来，而且几乎不会隐藏。正如文豪爱默生所说："人的眼睛和舌头所说的话一样多，不需要字典，却能从眼睛的语言中了解整个世界。"因此，一个善于读心的人，必定也是个善于捕捉他人瞬息万变的眼神、洞察对方内心的人。

曾经有个叫詹姆士的建筑家，他想出了一种可以防止偷盗的方法，就是画一幅皱着眉头的眼睛抽象画，镶于大透明板上，然后悬挂在几家商店前。果不其然，那段时间，店铺的偷盗案件迅速减少，当有人问他原因时，他说："我画的虽然并不是真正的眼睛，但对那些做贼心虚的人来说，却构成了威胁，极力想避开该视线，以免有被盯梢的感觉，因此，便不敢进商店内，即使走进商店里，也不敢行窃了。"

这就是眼神的力量，那些小偷看见的虽然是假的眼神，可还是有种心虚的感觉，心理作用让他不敢再偷盗。所以，要解读一个人的内心世界，从眼神入手最好不过了。

在与人交际的过程中，我们也可以选择观察别人的眼神来洞悉其内心世界，比如说，开心的眼睛里透露的是水亮有神，笑容灿烂；尊敬的眼睛表明他有点害怕，笑容勉强；爱慕的眼睛是眼神迷，笑得腼腆的；困扰的眼睛是深邃无神，若有所思，眉头紧锁的。

具体说来，我们可以从以下几个不同方面来看：

①如果和对方交谈时，对方的双眼突然明亮起来，表明他对你将要说的话题很感兴趣，也可能是你的话正中他的下怀。

②如果不管你说什么有趣的话题，对方的眼睛总是灰暗的，表明他可能正在遭受某种不幸或者遇到了什么不顺心的事。

③当对方瞳孔放大、炯炯望人、上睫毛极力往上抬时，表明他对你的话感到很惊恐。

④如果你能通过余光发现对方正在斜眼瞟你，表明他想偷偷地看你一眼又不愿被你发觉，如果对方是异性，可能传达的是害羞和腼腆的信息。

⑤眼睛上扬是假装无辜的表情。这种动作是在佐证自己确实无罪。

⑥眼睛往上吊，说明对方有某种不愿为别人所知道的秘密，喜欢有意识地夸大事实，因此，不敢正视对方。

⑦说话时喜欢眼睛下垂的人，一般比较任性，凡事只为自己着想，对于别人的事漠不关心，甚至对别人的观点常抱有轻蔑之意。

⑧挤眼睛是用一只眼睛向对方使眼色，表示两人间的某种默契，所传达的信息是："你和我此刻所拥有的秘密，任何其他人无从得知。"

⑨眼神游离。

这种眼神背后，一般都是在算计，在打小算盘，一个人如果常常会出现这样的眼神，那么，他多半是强于心计、城府较深的人。

这类眼神传达的信息可能有两种：一种是聪明而不行正道，另一种是深谋内藏、又怕别人窥探。前一种眼神多是品德欠高尚、行为欠端正的表现，后一种眼神则多是奸心内萌、深藏不露的表现。

另外，在说话时眼神闪烁不定者，一般表示其精神的不稳定。据一些法律资料显示，犯罪者在坦承罪状之前一般都会有这样的状态。这大抵是因心中藏有某事或有所愧疚所导致。

⑩眼神转向远处。

在谈话中，对方如果时时流露出这种眼神，多半是对方并不注意你所说的话，心中正在盘算其他的事。如是进行交易的对手，那么他必然在心中做着衡量、计算，思索着如何在这场交易中谋取最大利益的策略。如果是没有利害关系的交谈对象，而对方并不专注于你的谈话，那一定是有其他的事物盘踞在其心头。

上述这些以眼读人术可以使我们在与人交谈的过程中，迅速地了解对方内心所思所想，在开口说话的时候，就能说出对方喜欢的话。当然，这只是一些简单情况的概括，在遇到不同交际对象的时候，还应该运用具体的观察方法，做到有的放矢，这样，才能游刃有余地与人交往和应酬！

从人的视线中获得重要信息

我们都知道，人类是一种视觉动物，人获取90%的信息都是通过眼睛，同时，它也是传达信息的重要途径，除了语言、表情、动作外，从人的视线中也能获得很多非常重要的信息，可以从中分析对方的心理。

下面是心理学家做出的几点分析：

（1）目光突然变得斜视，表明藐视、拒绝或者提起兴趣

细心观察，你就会发现，在商业谈判中，彼此对立的双方都会有这种眼神。

还有个特殊的情况，就是一旦人们对某个人或某件事产生兴趣时，视线也会产生这样的变换。尤其是在初次见面的异性之间，经常能见到这种眼神，多出现在女方身上。也就是说，如果你是一名男士，在某个场合，有个不太熟悉的女孩子对你产生这样的视线变化，表明她对你有兴趣，遇到这样的情况，如果你也对她感兴趣，可以鼓足勇气找她谈话，给彼此一个结识的机会。

（2）视线突然转向远方，表明对方对你的谈话不关心或正在考虑别的事情

如果和你交谈的是你的交易对方，那么，很有可能他在心里正盘算你说的话，盘算怎样才能使自己获得最大利益。如果他的视线转移以后变得凝视于一点，那么，假设你是买方，他有可能认为你提供的产品是次品；而假设对方是买方，他很有可能无法

支付货款，你最好不要将大量产品一次性出售给他。总之，当遇到这样的情况时，你就该问"你有什么烦恼的事情"，以从对方口中探知原因。如果对方慌张地说："不！没有什么事……"这时，你应当斩钉截铁地与他中断洽谈，可以对他说："以后再谈吧。"

第二种情况，如果和你交谈的是爱你的人，此时，假设对方是你的女友，她在与你谈话时总是将视线转到远处，这表明她在思考别的事，或许是对你们的未来没有信心，或许是她心里已有他人，但对你说不出口。出现这种情况，你不妨用试探性的语气问她："有什么麻烦吗？告诉我，我们共同解决。"

（3）对方做没有表情的眼神，表示心中有所不平或不满

可能你会认为，没有表情的眼神应该是内心没有波动的情况下才有的，这种想法是错误的。人的思维产生变化时，会有不同的表现，有的闭起眼睛，有的则呆滞地望着远方，还有的则会做出毫无表情的眼神，一旦思维整理妥当或产生新的构思时，眼睛就会显得很有神，或出现有规律的眨眼现象。这也是接着将要说话的信号。所以，在交际中，面无表情并不是好现象。

举个例子，如果你和你的女朋友交谈时发生不快，女孩突然毫无表情地告诉你她要回家了，那么，她心中很有可能是对你不满。

再比如，如果你想邀请一位朋友，但他的性格有点懦弱，本来想拒绝你，但又不好开口，也会有这样的表情，遇到这样的情况，你一定要倍加关心地问："你有什么地方不舒服吗？"

（4）对方眼神发亮略带阴险时，表示对人不信任，处于戒备中

初次见面，如果对方有这样的眼神，而你觉得自己并没有做错什么的话，很有可能是他曾经听到过一些关于你的负面消息，当然，这一消息很有可能是不实的，你要做的就是尽快澄清误会。

当然，除了以上介绍的三种情况外，我们还需要注意的是，一个人在感到内疚或做了对不起对方的事情后，总是试图回避对方的视线。所以，当一个人的眼神游离不定时，说明他可能在隐瞒什么事情。

不过，目不转睛不一定代表对方就是在说真话。因为如今多数人都知道避开视线有说谎的嫌疑，有些人为了不被人看穿，也练就了说谎时眼睛一动不动的技巧。

另外，行为学家亚宾·高曼通过研究认为：对异性瞄上一眼之后，闭上眼睛，即是一种"我相信你，不怕你"的体态语。所以，当看异性时，并不是把视线移开，而是闭上眼后，再翻眼望一望，如此反复，就是尊敬与信赖的表现。尤其是当女性这样看男性的时候，便可认为有交往的可能。

总之，透过人的视线，更能窥探出人的内心活动。人们在社会生活中，如果内心有什么欲望或情感，必然会表露于视线。因此，如何透过视线的活动了解他人的心态，对人与人之间在交往中的心理沟通，具有重要的意义。

3

Chapter 3

肢体微动作揭秘

挑选座位暴露内心想法

日常生活中，我们会去很多公共场合，这就涉及座位的选择问题，你更喜欢第一排、第二排还是其他位置？这一看似不经意的举动，其实都会将我们内心的想法暴露无遗。

意大利非语言交流学家马克·帕克利对人们在车厢中的行为做了多年研究，他认为，人们上了空的公交车后，一般都不会选择第一排座位——这排位子通常到了车厢快满时才有人坐，心理咨询师认为，这种选择是由于人类特有的安全感造成的。当你选了第一排座位时，坐在背后的人会让你感到一种潜在的威胁，因为你看不见他们在你背后做什么。其实，不仅是坐公交车，很多场合下，人们都不愿意选第一排的座位。

我们不妨先来看下面的故事：

曾经有一家知名外企到某大学进行校园招聘活动，当时，全校一共有八百多人参加了他们的宣讲会，但是在大会结束时需要留下1/3的学生准备下一轮选拔。外企如何快速发现人才？原来，关键就在于大家对座位的选择。

首先，考官会看进场的状态，谁坐在前面先留下，最后三排没希望，不管他如何优秀，坐角落两边的都不要。坐中间的要看听课状态，如果认真并且眼神有互动、积极回答问题也可以考虑，这样就会留下1/3的同学。

这家知名外企选拔人才的方式其实是有一定的心理原因的，

因为通过人们在某些特定环境中挑选的位置或者对座位的特殊偏好能够读出人们内心的想法。

其实，在社交场合，我们也可以根据人们挑选座位的方式来看出他们的性格，具体来说：

1. 喜欢靠窗而坐的人平凡

窗边位置明亮，且能看见窗外的行人、车辆以及发生的事，通常来说，个性平凡的人喜欢挑选这样的位置。另外，这样能避开人多的洗手间附近，尽可能远离喧闹嘈杂的人群。

2. 喜欢挑选中央位置的人表现欲望强、以自我为中心

一般来说，这样的人不多见，他们有很强的表现欲。在人际交往中，他们的话题总是离不开自己，很少关心他人，很爱面子，在某些场合，会主动买单，在工作中，具有领导气质。

当然，他们最大的缺点就是很少顾及他人的感受。例如，在饭店吃饭，服务员不小心上错了菜，他必定会马上与服务员争执，甚至会说出难听的话。总之，这种人并不是那么容易沟通和相处的。

3. 喜欢挑选角落位置的人喜欢安定

尽可能地选择角落位置的人，也是因为坐在角落里能对店内全景一览无余，这样，就能看清楚所有的人和事。

一般来说，这种人追求一种安定、稳妥的生活。由于习惯做一个旁观者，基本上缺乏决策的能力以及作为一个领导者应有的积极态度。因此，与其请他做一位领导者，还不如请他当顾问来得更加适合。

4. 喜欢坐在入口处附近的人，个性急躁

这类人精力旺盛、对生活工作都很积极、乐观，总是乐于助

人，喜欢走来走去，好像永远也闲不下来。

5．喜欢面向墙壁的人孤傲

偏好靠近墙壁附近的座位，而且喜欢面向着墙壁以背对着其他客人，显示出这类人不想和其他人有任何瓜葛的心态。背对着其他客人显得孤傲，他们热衷埋头于自己的世界，无视外界的存在。

6．喜欢背靠墙壁的人普通

同样选择靠近墙壁的座位，但喜欢背对墙壁、面对店内客人而坐的人，应该算是很普通的类型。人们会将背部贴着墙壁，是一种十分平常的心理反应。因为背靠着墙壁，我们既不需要担心背后是否会有敌人偷袭，又可以眼观六路、耳听八方，注意周围的动静。

对一般人来说，由于背部没有长眼睛，很难注意到有什么事情发生，因此，将背靠着墙壁，是一种能令人安心的本能反应。

当然，以上只是针对一个人在某个场所时选择座位的情况来分析的，当众人一起进入某个场所时，人们选择座位的方式则应该另当别论：

进入场所后，环顾四周，然后对其他人说："坐那里吧！"。这样的人很自信、很有气场，是会直接表达内心想法的人，但也可能因为独断而让他人生厌。

带领大家就座，却发现位子已经被其他人占了，于是，不得不重新寻找，有这样习惯的人判断力欠佳，且会做出错误判断，经常会出现小失败，不过这样反而凸显出其个人魅力，乐于配合他人，老实的性格受人欢迎。

总是跟在大家后面等待被安排的人通常有依赖心理，他们自己不会主动去做一件事，只是配合其他人。

　　会问工作人员具体情况的人，虽然懂得变通，但他们会以现有结果为优先，而忽视其他一些更为重要的因素，如其他人的喜好与氛围等心理因素，也有不考虑别人意见与想法的一面。

脚语是一种情绪的节奏

正如人体的其他部位有表情达意的功能一样，脚也有属于自己的语言，即"脚语"。所谓脚语，是指在人坐立行走的过程中脚发出的声音、做出的动作、所指的方向等。人的性格不同，走路的风采就各异；人的心情不同，走路的姿势也不同。脚语是一种情绪的节奏，能够反映出一个人的脾气秉性、心理状态、情绪等。

经过长期研究，英国心理学家莫里斯得出了一个非常有趣的结论——"人体中，远离大脑的部位最可信"。根据这种说法，脚是人体中距离大脑最远的部位，因此，脚是最诚实的部位。虽然人的脚步经常因时因地而异，但是，每个人仍然有固定的脚语。因此，即使不用眼睛看，而只听或轻或重或急或缓的脚步声，也能判断出是否是自己熟悉的人。

除了脚步声，脚部还有很多动作，当你看不透一个人的内心时，不妨观察一下他在不经意间所做出的脚步动作，这样一来，往往能够洞察他真实的内心世界。

小娟在大学时谈了一个男朋友，两人感情很好，毕业后，小娟便和父母提了男朋友的情况，但父母觉得不太满意，因此，以"年龄尚小"为理由，让小娟与男朋友分手。周末的时候，父母让小娟别出去了，说在家包饺子吃。其实，父母是想阻止她出去约会。在父母的软硬兼施下，小娟不得不待在家里。上午十点，与男友约定的见面时间到了，小娟一边帮妈妈包饺子，一边抬头看钟表，急得就像热锅上的蚂蚁。半个小时过去了，她家的楼道里响起了脚步声，小娟听后，脸涨得通红，她知道那是男朋友没见到她急得跑到家里来找她了，但是他又不敢敲门进来，所以只好在楼道里徘徊。又坚持了十分钟，小娟实在忍不住了，哀求道："妈妈，让我出去一会儿吧，就一会儿。"妈妈看着女儿急成那样，非常心疼，但还是语重心长地说："小娟啊，妈妈不是不让你谈恋爱，但是你刚刚大学毕业，没有任何社会阅历，妈妈是怕你一时脑热，误了终生幸福啊！"见妈妈这么说，小娟不得不低下头继续包饺子。但是，过了一会儿，爸爸发现，原本背对户门坐着的小娟，现在却像拧麻花一样，上身仍然背对着门，下身却冲着门的方向转了四十五度角，尤其是脚，恨不得一下子迈出门去才好。而且，小娟的脚尖不时地在地上踮着，似乎内急。看到女儿这样，爸爸不忍心了，找了个借口说："闺女啊，咱家没醋了，这没醋吃饺子可不香，马上就要包完了，你赶紧以最快的速度去给爸爸买瓶醋回来吧！"听到这里，小娟极力掩饰住自己的兴奋之情，马上拿着钱去买醋了。

事后，小娟跟爸爸的感情变得特别深，觉得爸爸比妈妈理解自己，不管有什么心里话都和爸爸说。在爸爸的引导下，她和男朋友互相鼓励，双双考上研究生，之后又一起出国去深造。

看到这里，我们不禁会问，爸爸是怎么知道小娟的男朋友在门外的呢？又是怎么知道小娟在被妈妈拒绝之后并没有死心，仍然急不可耐地想出去和男朋友见一面呢？其实，小娟的确听出了男朋友固有的脚步声，但是，小娟的爸爸根本听不出来小娟男朋友的脚步声，他是通过观察小娟的脚部动作知道的。小娟上身背对着门，下身却朝着门扭成了四十五度角，而且，她的脚尖恨不得一步迈出门去。由此，爸爸知道小娟并没有推掉约会，而且约会的对象很有可能就在门外等着呢！把握住了女儿的心思，小娟的爸爸恰到好处地让女儿出去买东西，这样一来，不仅避免了妈妈的反对，还使女儿有机会出去和男朋友匆忙一见！如此善解人意的爸爸，女儿怎么会不喜欢呢？

很多时候，脚部动作往往被人们所忽略，其实，脚部动作比其他肢体语言更真实、更准确。不管是在工作中还是生活中，我们都可以通过观察别人的脚步动作来了解其内心世界，进而更好地与人相处。

通过站姿看出性格特征和内心情感

在日常生活中，我们常听长辈们说，"站有站相、坐有坐相"，这是告诫我们要行为端庄、知晓礼仪，事实上，从这些简单的动作中我们也能观察出一个人的心理活动。心理专家经过研究后认为：不同的站姿往往能反映出一个人的性格特点。不同的生活习惯、起居饮食、言谈举止、厌恶爱好以及意识倾向会决定一个人的站立姿势，也就是说，我们可以通过一个人的站姿看出这个人的性格特征和内心的真实情感。站立这种简单的动作也是百人百样，但只要细心观察周围的人，就可以从他们站立的姿势中探知其心理活动。我们先来看下面一个故事：

老刘现在已经40岁了，他是个典型的"无所谓"先生，从年轻的时候开始，他就是好像什么都无所谓的样子。

通常，在公共场合，人们看到的他都是这样一个姿势：两脚并拢或自然站立，双手交叉背在身后。

和朋友出去吃饭，朋友问他要吃什么，他说："随便啦，怎么样都行。"

后来，到了结婚的年纪，家里父母开始着急了，问他个人问题，他的回答是："随缘吧。"再后来，经过亲戚介绍，他认识了现在的妻子，家人问他对女孩的印象，他回答："你说呢？"总之，从他嘴里，永远得不到一个明确的答案。

儿子上小学后，变得调皮、不爱学习，妻子为教育孩子的事头疼得不得了，他反倒安慰妻子："让他去吧，儿孙自有儿孙福。"妻子气不打一处来，他却一笑了之。

单位新来的小伙子在工作上很认真，经常是大家下班后他还在工作，老刘看到后，对他说："年轻人，没必要那么认真吧。"一句话让小伙子丈二和尚摸不着头脑……

可以说，故事中的老刘就是个典型的"无所谓"先生，这一点，从他日常生活中的站姿已经可以看出来。可以说，经常有这样站姿的人一般都与人相处得比较融洽，主要的原因可能是由于他们很少对别人说"不"。他们的快乐来源于对生活的满足，而同时，不愿与人争斗的个性既带给他们美好的心情，也带给他们愤怒，因为生活并不总是遂人愿，一味地逃避争斗有时候只会使事情更糟糕。

那么，具体来说，我们该如何从一个人的站姿中窥探其内心的秘密呢？

1. 含胸、背部微驼

很多女孩子在青春期发育时对身体的变化没有树立起健康积极的认识，容易有这种站相。这样的人往往缺乏自信，若是女孩子，则是很单纯的类型，需要加强保护或积极引导。

2. 挺胸收腹、双目平视

这种人往往有充分的自信，要么就是十分注意个人形象，或此时心情十分乐观、愉快。

3. 两手叉腰而立

这是有自信心，具有心理优势的表现。如果加上双脚分开比肩宽，整个躯体显得膨胀，往往存在潜在的进攻性。若再加上脚尖拍打地面的动作，则暗示着具有领导力和权威。

4. 单腿直立，另一腿或弯曲或交叉或斜置于一侧

这是表达一种保留态度或轻微拒绝的意思，也可能是表示拘

束和缺乏信心。

5．将双手插入口袋

这是不表露心思、暗中策划的表现；若同时弯腰弓背，可能说明事业或生活中出现了不顺心的事。

6．喜欢倚靠站立，不是靠墙，就是靠着人

这类人从好的方面来看是比较坦白，容易接纳别人。不好的方面是缺乏独立性，总喜欢走捷径。

7．遮羞式站立

手有意无意地遮住裆部，一般是男性采取的动作。遮住要害部位，是一个防御性动作，说明其心里忐忑不安，准备遭受批评和不赞同。

8．双脚呈内八字状

多为女性的站姿，有软化态度的意味。许多女性在担心自己的支配欲和好胜心太强时，往往采取这种站姿。

9．双脚并拢，双手交叉站立

并拢的双脚表示谨小慎微、追求完美。这种人看起来缺乏进取心，但往往韧性很强，是属于平静而顽强的人。

10．背手站立

背手暗含"不想把手弄脏，所以把它搁置一边"的意思，这类人通常自信心很强，喜欢控制和把握局势，或自恃是居高临下的强者。但是，如果一只手从后面抓住另一只手的手臂，则可能是在压抑自己的愤怒或其他负面情绪。在服务行业中，这种站姿又可能是想表明"我没有行动，没有威胁"的意思。

当然，这只是一些简单的介绍，仅供参考，其实，如果自己仔细观察的话，是可以从他人的一些行为的蛛丝马迹中发现规律。

双腿交叉是排斥的意思

现实生活中，人们已经习惯于从头部、脸部和手部等这些容易看得见的部位来判断交谈对方的心理活动，察看对方对自己是赞同还是反对；相反，对那些我们视线之外的部位，我们常常会忽视，如双腿和双脚。与人坐着面对面交谈时，你可能会发现，对方偶尔会摆出双腿交叉的动作，这是习惯性坐姿还是对方产生了心理变化？我们不妨先来看下面一个故事：

小张大学毕业后，来到一家外企面试，面试他的人事部经理说话很客气，半个小时后，面试结束了，他握着小张的手，对小张说："请回吧，我们研究一下，会告诉你消息的，再见。"

小张当时心里很没底，他知道自己该去另外一家公司面试了，不能耗在这件事上，因为他已经看出了这次面试的结果：在谈话时，经理虽然面带微笑，但是他的双腿由刚开始的平直变成交叉，并开始双手抱胸，小张明白，这种体态就是表示：无论你怎么吹嘘，我都不会相信你说的。对你讲的我也不感兴趣，你不是我们所需要的人。

小张因为懂得身体语言，看穿了经理的心思，从而看出了自己的面试结果，没有浪费过多的时间。

从小张的故事中，我们也可以看出一点：很多时候，人们双腿交叉而坐并非习惯使然，很有可能是排斥对方的表现。

假如我们在一家餐厅看到这样一个场景：一对相亲的男女正

在聊天，男士正在侃侃而谈，情绪热烈，女士也频频微笑点头，乍一看，你会以为这是一次成功的会面，他们之间也必定会有下文，但只要你稍作留心，就会发现，女士的坐姿为双腿交叉，身体略微稍后倾，而脚尖正指向最近的一个出口。由这个姿势我们就可以明白，女士对这场谈话没有兴趣，内心深处有离开的打算。

在与人面对面交谈时，如果你发现对方的双腿和双臂同时处于交叉状态，你就可以判断出，他的注意力已经不在你们的谈话上了，甚至他的心思已经飞向远处。为了不让你感到尴尬，对你说话的内容，他会给出敷衍式的回答，如"是"或者"不是"等词语。这时要想让对方对你的观点表示真正认同是非常困难的。

再比如，你出席一个晚宴，发现在大厅的角落里，站着一个人，他双腿交叉，同时，他还抱着双臂，这说明此人思想非常保守，对人的戒备心很强。这时，跟对方很顺利地展开话题是非常困难的，你必须从消除对方的戒备心开始入手，而且要做好打持久战的准备。

另外，相对于女性来说，男性更喜欢双腿交叉这个坐姿，甚至有一些人，他们并非一条腿轻松地搭在另一条腿上，而是更习惯将一只脚踝放在另一条腿的膝盖上，两条腿呈"4"字状。这种坐姿代表了对方争辩或者争取获胜的态度。因此，被看成一种示威姿态。

女士比男士更在意自己的形象，这样的坐姿并不雅，另外，跷二郎腿并不符合礼仪规范，所以做出这个姿势的大多是男士。男士在摆出这个姿势时，不仅能体现自己的自信和支配地位，同时也会显得放松和年轻。

　　但要注意的是，在和长辈或者领导交谈时，千万不要摆出这种姿势，因为这会让领导感到你对他的不敬。

　　如果一个人在做出"4"字腿坐姿的同时，还用一只手抓住抬起的那条腿，那就表示这个人非常有主见，甚至到了固执的地步。对这些人，不要轻易尝试去说服他们，因为你的努力往往是白费的。

　　当然，女士双腿交叉，除心理活动外，还有可能是其他原因，如女士经常穿短裙。双腿交叉是她们下意识地保护自己的举动。女士的这种爱好是由于穿短裙养成的习惯，我们可以称其为"短裙综合征"。交叉双腿的动作让女士看起来比较拘谨，这或多或少会让交往对象觉得无所适从，因此，一定程度上可以认为，穿短裙让女人看起来更难以接近。对女性来说，最有气质的姿势是将两条腿以随意的方式交叉，然后将两腿斜向一边，两腿保持平行，女士要想保持优雅的仪态，应当学会做这个姿势。

抖腿是紧张的表现

生活中，一些人会有抖腿的坏毛病，无时无刻都会不自觉地抖起腿来，这是为什么呢？从心理学的角度来看，这是紧张的表现。民间有个说法，"男抖穷，女抖贱"，虽然专家表示这是无稽之谈，但也从侧面反映出抖腿在每个人身上是一件再正常不过的事情。的确，正常人抖腿没有任何临床意义，是一种自我放松、毫无意识的行为。曾有心理学专家称，在人际交往中，真实信息的反映往往是通过非语言传递的，而肢体动作就是其中的一部分。通常来说，与他人互动可以有三种表现状态，即融洽、对立和回避。抖腿则可以简单地归类到回避反应中。回避状态多源于内心焦虑、没有安全感，非生理疾病性质的抖腿也是如此。例如，一个人在汇报工作时，常会不自觉地腿发抖，这多半就是心里没底，紧张、焦虑所致。从这个角度来说，有时候抖腿还表明一个人的不自信。我们先来看下面一个故事：

对所有情侣来说，恋爱谈到一定阶段就要谈婚论嫁，就免不了要见家长，小杨与小米恋爱有半年多了，小杨决定正式见见小米的父母。于是，为了体现自己的诚意，小杨去酒店订了一桌酒席。

这天，小杨很快到了酒店，他紧张不安地等待着小米父母的到来。

一番介绍后，小杨便对小米的父母说："叔叔阿姨，我听小米说你们有一些忌口，就点了一些你们爱吃的菜，希望你们别嫌弃。"小杨很紧张地说完了这句话后，留意了一下小米母亲的表情，虽然对他笑了笑，但很明显，好像并不满意。

接下来的一顿饭，虽然小米尽力从中斡旋，但小米的母亲似乎都不大高兴，她和小杨都觉得莫名其妙。

饭后，小杨给小米发了条短信："你帮我问问，我哪里做得不好？"

"收到。放心，包在我身上。"

回到家后，小米的母亲把包重重地摔在沙发上，不高兴地说："还说什么研究生毕业，这么没教养？"

"老伴儿，咋了，刚才吃饭的时候我就看到你脸色不对了，那孩子挺好的啊，怎么就没教养了？"

"你老花眼了吧，他一直在那儿抖腿你没看见？我看，他要是动作再大点，整个桌子都要被他掀了。"

"哎，我看你是误会了，这是紧张焦虑引起的表现，你以为他不想给我们一个好印象？他越是想表现自己，就越是紧张。"

这时候，小米也解释道："是啊，他平时没有抖腿的毛病的，即便是和那些大客户交谈，他也能镇定自若，看来，您真是冤枉他了。"

生活中，我们恐怕也会遇到这样的情况，他人与我们交谈时会不自觉地抖腿，我们可能也会指责对方不尊重人，对这样的情况，长辈们可能会说"这是什么臭毛病"。然而，这样的指责，有时候还真受得有点儿冤。就如同故事中的小杨一样，他就是因为不自觉地抖腿被小米母亲认为是没有教养的表现，不过庆幸的是，小米的父亲为他进行了一番解释。

因此，可以说，抖腿是正常现象，不过经观察发现，人在全神贯注做事情的时候，一般不会抖腿，通常都是比较无聊的时候才会抖腿，这是一种不自觉的表现。有些人平时抖腿习惯了，不抖还不舒服。

此外，也有专家从生理学角度，对抖腿动作进行了类比分析。从生理学上来讲，久坐或久站不动，都会让腿感到不舒服，血流不畅，所以在感觉不舒服的情况下，人会在无意识中活动起来，以促进血液流通，缓解不适。而在心理方面也有类似的意思：当心理较长时间处于紧张、焦虑的状态时，人就会不自觉地做出缓解反应。

当然，抖腿也与个人习惯有关。一般最早时只是偶然反应，久而久之即形成自然反应，最后变成条件反射。因此，要想有所改变，除了自我调适焦虑心态，还应有意识地进行强化改变，就像强迫自己改掉坏习惯一样。

总之，从心理学上来讲，抖动单腿或双腿是一种放松的表现，是下意识的放松。当然，人在轻微紧张的时候也有可能会抖腿。但如果是不能控制的抖腿，就要去看医生了。

喜欢用脚尖拍打地面的人具有自恋倾向

生活中，任何一个交际高手都有一项本领——察言观色，他们不仅能看出与之交往的人的性格，还能看穿对方的脾气、情绪，从而做到有的放矢地与之交谈。

中国人常说站如松，这是提醒我们在站立的时候要做到：嘴微闭，两眼平视前方；收腰挺胸，脚挺直，两臂自然下垂；两膝相并，脚跟靠拢，脚尖张开约60度，从整体上产生一种精神饱满的感觉，切忌头下垂或上仰，弓背弯腰。

然而，我们不难发现，现实生活中的人们在站立时似乎都有一些小动作，其中就包括脚尖不断拍打地面，这是习惯使然吗？对此，我们不妨先来看看下面的故事：

王晓是学市场营销的，毕业之后，他在一家化妆品卖场担任男士化妆品的推销员。因为他很会察言观色，所以推销业绩非常好。

这个周末，卖场来了很多消费者，当然，其中也不乏男士。尽管人很多，但忙碌的王晓还是在人群中发现了一个特殊的男客户：三十多岁，一身简单又名贵的衣着。来到卖场后，他一句话不说，只是不停地看化妆品。

面对这样的客户，几个推销员在得到"爱答不理"的回应后，就不再招呼他了。但王晓发现这个客户有个特殊的动作——他突然站在某化妆品前，一边看，一边不停地用脚尖拍打着地面，而且在那里站了好长时间。

王晓知道这种人是典型的完美主义者，非常自恋。所以也不大会处理人际关系，于是，他站在不远处，等这个男人抬头寻求帮助的时候，他才过去帮忙介绍产品的功能和价格。很快，这个客户购买了商品匆匆离开了。

在这则销售案例中，在其他推销员无计可施的情况下，推销员王晓并没有贸然推销，而是先观察客户，从客户的肢体语言——用脚尖拍打地面判断客户是个完美主义者并自恋，从而在客户需要帮助的时候才过去帮忙介绍产品的功能和价格，顺利地把产品推销了出去。

从这个故事中，我们可以得出结论：一个人在站立时如果有拍打地面的习惯，那么，他可能是个自我意识较强的完美主义者，他们相信自己的选择和判断，很难听进去别人的意见。

例如，工作中，如果上司告诉他做错了，他是不会接受的，接下来，他会说，老板，这件事情应该是这样的。于是，老板再次证明他是错的。过了10分钟，他又来找老板了。老板再一次证明他是不对的。

这类人，对自己有高标准的要求，一旦确定了某个正确的目标，或者感受到来自领导的期望，就会通过忘我地工作来让对方满意，而不是和某些人一样只是为了薪金或者权力而工作。

在各行各业，他们都是敬业的、精益求精的，也希望能够教导他人去追求最好。他们相信人们在获得正确的信息后，会改变生活状态。

如果你不认同他，他的内心就会有负罪感，认为是自己做得不好，也可能会批评你周围的人。

因此，与这样的人打交道，我们最好不要试图去改变他的想法，而应该让他们自己去做决定和判断。

例如，你和你的朋友一起购物，你看他焦虑不安的样子，想给他点意见，但是他有用脚尖拍打地面的动作，那么，这可能是他想给自己一点儿时间来思考，此时，你可以做的就是安静地陪在他的身边，一言不发，当他找到答案以后，他会感激你的善解人意，也会把你当成最知心的朋友。

的确，一个小小的脚步动作就能彰显出一个人的性格、品质以及流露的内心情绪，因此，善于察言观色是我们破解他人心理密码的关键所在。

Chapter 4

解密言谈举止微动作

打招呼方式透露人的性格

在人际交往中，人们初次见面或者遇到熟人时，都会采取一种表示友好的方式——打招呼。可以说，打招呼是一种最简便、最直接的礼节，可能我们每天都需要这样做，因此，打招呼的方式也能透露出一个人的性格。我们不妨先来看下面这个故事：

老王是某事业单位的职工，和周围邻居、同事的关系都很好，很少得罪人。最近，单位从外地调来了一个新领导，被安排住在老王所在的小区。周末的早上，老王准备和妻子去买菜，在小区门口，领导看见了老王，便跟老王打招呼："老王，你好啊。""您好，李处长。"

当时，老王的妻子也向这名领导点了点头。

后来，老王发现，李处长每次看见他，都会以这样的方式和他打招呼，多年的识人经验告诉老王，这个李处长是个藏得很深的人。

有一次，老王听说李处长过生日，便送给他一幅画。第二天早上，李处长看见老王，还是那样打招呼："老王，你好啊。"老王心里纳闷，难道他不喜欢自己送的礼物？谁知道，老王一到办公室打开邮件，就发现了李处长给自己的留言："老王，谢谢你，我很喜欢你的礼物……"

故事中的李处长是个典型的官，在人际交往中表现得小心翼翼，才不会给人留下口舌，很注意自己的形象。因此，即便下属送了自己一件很喜欢的礼物，他们也会选择暗地里感谢，这样的性格，其实从他几次和老王打招呼的方式中就已经显现出来了。

的确，一次小小的打招呼，也能让我们找到了解他人心性的突破口，不同的人打招呼的方式大有不同，具体来说：

1. 打招呼时双方的空间距离，直接显示出双方的心理距离

不难想象，死党、闺密在见面时打招呼会立即走过去，然后给对方一个大大的拥抱或者直呼对方的小名、昵称等，这会让我们感到很亲密。而如果某个人在跟你打招呼的时候下意识地后退了几步，可能在他看来这是礼貌的表现，但你肯定会觉得他是有意识地抗拒你，是有所顾忌的表现。

2. 初次见面就很随便打招呼的人，是想形成对自己有利的势态

初次见面就很随和地打招呼的人，往往会使人大吃一惊。有人常常认为这样的人很轻浮，其实这种人往往很寂寞，非常希望与别人亲近。去酒吧或俱乐部时，坐在自己旁边的女士，虽然彼此是初次见面，却很亲热地与自己交谈，事实上是那位女士想使现场的状况变得有利于自己。

心理专家提醒，当遇到"自来熟"的男性时，女性要特别小心，切勿使男性有机可乘。这种男性的性格浪漫大方，且其中不乏游手好闲之人。

3. 边注视边点头打招呼的人，怀有戒心

打招呼时伴有注视对方眼睛这一动作的人，可能是对对方怀有戒心，还有一种可能，就是希望自己处于优势地位。而凝视对

方的眼睛，就有可能是借此方式来探测他人的心理。

4．打招呼时不敢看着他人眼睛，多半是自卑所致

你可能会误解：你很真诚地看着对方的眼睛打招呼，对方却没有回应你，而是避开你的眼神，你会认为他们是瞧不起人，但实际上并非如此，他们可能是因为自卑或者胆小，因此，你需要整理自己的心情，不需要为此生气。

5．虽然经常见面，但还是千篇一律地打招呼，大多是自我防卫、表里不一的人

故事中的李处长就是这样的人，虽然与某个人的见面次数很多，经常一起吃饭、喝酒，但他们见面时还是会千篇一律地打招呼。这种人具有自我防卫的性格。

6．"打招呼常用语"揭示人的性格

"打招呼常用语"是指刚刚和某人结识或与熟人相遇时经常使用的打招呼的话语。心理专家曾有研究表明，从一个人的打招呼时使用的用语，可以了解到这个人身上的很多性格特点。这些"打招呼常用语"有：

"喂！"——他们开朗大方、活泼好动、思维敏捷，富于幽默感；

"你好！"——这类人性格稳定、保守，工作认真、负责，深得朋友信任，能很好地控制自己的情感，不容易情绪化；

"看到你真高兴。"——此类人大多性格开朗，待人热情、谦逊，对很多事物都很感兴趣，但容易感情用事；

"最近怎么样？"——这类人爱表现自己，自信、大方，渴望成为社交场合的焦点，但同时，在行动之前，喜欢反复考虑，不轻易采取行动；一旦接受了一项任务，就会全力以赴地投身其中，不能圆满完成，绝不罢休。

　　"嗨！"——这类人比较多愁伤感、腼腆，不希望得罪人，常常会担心做错事而不敢尝试，但在与自己熟悉的人面前，也比较活泼，在周末或闲暇时间，他们更愿意与爱人一起宅在家中，而不愿外出消磨时光。

是否守时暴露性格特点

在现实生活中，与人打交道，就要会面，这样就出现了一个人是否守时的问题。面对约定，一个人是否守时，体现的不仅是他自身的时间观念，也暴露出他的性格特点。关于这点，我们还是先看下面的故事：

"不好意思，刚才那会儿车子发动不了，你再等我十分钟，我马上到……"电话这头的小鹏给女朋友莉莉解释，莉莉心想，这已经是我们恋爱以来你第十九次迟到了，而事实上，他们才恋爱两个月。

两个月前，高大帅气的小鹏得知公司公关部新来了一个美丽的女孩莉莉，便对她展开攻势，而他的帅气一下子也吸引了莉莉，很快，两人坠入爱河。然而，也不知道为什么，无论什么时候约会，小鹏总是会迟到，最短时间十分钟，最长时间一个小时。莉莉实在忍受不了了。

于是这次，等小鹏风风火火地赶到约会地点时，莉莉很正式地对他说："鹏，我们分手吧，我不想做那个永远等着你的人，再见……"

故事中的莉莉之所以会向小鹏提出分手，是因为小鹏是个"迟到大王"，换作是准，恐怕也会和莉莉做出一样的选择。其实，可能连小鹏自己都没有意识到，他之所以会经常迟到，与其性格有一定关系。在心理学家皮埃尔·温特看来，这实际上表达出的是一种强烈渴望关注的态度，他们希望得到别人的重视，成为人们的焦点。因此，他们多半都是固执的、不喜欢接受他人的意见。与这样的人谈恋爱，需要明白的是，我们不要指望影响他们，改变他们。尊重他们的意见，与其和平相处也许是最好的恋爱模式。

的确，生活中我们经常听到有些人为自己的迟到找借口，"我堵在路上了""我出门晚了"……事实上，一个人的时间观念影响着他的行为，也暴露出他的性格特点。

第一类：从不迟到的人

有的人不仅从来不迟到，而且总是提前一点儿到达约会地点。这样的人对生活抱有敬畏、尊重的态度。他们爱惜自己的时间，也尊重别人的时间，宁愿自己等，也不愿让大家等。他们做起事情来小心谨慎、计划性强。

第二类：总是迟到

这样的人是大家眼中的"迟到大王"，他们没有几次能按点出现的。因此，知晓他们性格的人多半会在约定时间后才会出现。当然，在与异性交往的过程中，他们常常也会因为这一点而得罪对方。这种人喜欢按照自己的意志行事，不受他人控制，就像一个任性、固执、永远长不大的孩子。

第三类：踩着点到达约会地点的人

还有一些人则习惯踩着点到达，他们习惯严格掌控自己的生活，喜欢有条不紊地完成事情，是典型的"完美主义者"。一旦发生突发状况，会显得有些焦虑不安。

他们的性格中也有一些弱点，有时仅凭个人的好恶或价值观来决定事情，并希望别人也以同样的角度或标准来处理问题的倾向。有时，他们心里总想着别人的问题，可能会过于陷入其中，以至于被其困扰。有时容易将别人或事情理想化，不够实际。尽管常常自我批评，但他们不是特别善于管束和批评他人。有时会为了和睦而牺牲自己的意见或利益。有些"理想主义者"比较容易动感情，情绪波动较大。

第四类：不喜欢迟到，但不会拼命赶时间

还有一部分人，不喜欢迟到，但也不会为了守时而拼命赶时间。这样的人通常生活比较随意，喜欢自由自在，不轻易勉强自己。为人坦诚，不擅伪装。另有一些人，喜欢一边等人，一边不停地看时间。这类人不仅时间观念强，而且对他人也有着严格的要求，做事习惯拿出"证据"，用事实说话。

当然，无论您是哪种性格的人，都一定要记住守时是很重要的。哲学家尼采就曾说过：说好的约会时间，让别人等待，连招呼都不打一声，这种行为是极其恶劣的。这不仅是不讲礼貌、不遵守约定的问题。在对方等待你的过程中，因为你的不出现，在等待的时候，他会产生各种负面的情绪，例如担忧、猜想，继而产生不快，甚至会因此而愤慨。也就是说，让人等待无异于不道德，会在不经意间令那人的人性变得邪恶。的确，不守时既浪费了自己的时间，也浪费了别人的生命。这看似是一件小事，却体现了你的做人态度，如果你对别人的时间表示不尊重，你也不能期望别人会尊重你的时间。一旦你不守时，就会失去影响力或者道德的力量，但守时的人会赢得每一个人的好感。

"口头禅"背后的心理活动

"口头禅"一词来源于佛教的禅宗，本意指不去用心领悟，而把一些现成的经验挂在口头，装作有思想。演变到今天，口头禅已经完全成了个人习惯用语的意思。而且按照现代心理学的观点，口头禅其实也不是完全不"用心"的，它的背后隐含着一些心理活动和心理作用。我们不妨先来看下面一个故事：

琦琦是一名刚参加工作的推销员，现在的她还在接受公司进行的销售新手培训。在培训的过程中，负责培训的张老师发现，琦琦很喜欢把"说真的"挂在嘴边。

这天课后，张老师单独找琦琦。

"你对自己满意吗？"

"挺好的啊，您为什么这么问？"琦琦很好奇。

"也就是你认为自己很自信喽！那为什么你很喜欢说'说真的'这个词呢？"

"口头禅而已，这应该不能说明问题吧？"

"你这就错了，一个人的口头禅是能泄露一个人的性格特征的，我们千万不能低估客户的观察能力，一个人喜欢说'说真的'，其实是不自信的人，这样强调，就是为了让对方相信自己，我想，你应该知道自信对一名销售人员来说有多重要吧，你自己的底气不足，又怎么能说服客户呢？"

"我知道了，谢谢您，张老师，我会尽量改掉这个口头禅的……"

和故事中的琦琦一样，很多人都有自己的口头禅，这看似是一种语言习惯，其实是一个人个性的显现。使用不同口头禅的人，在性格特征上也是不同的，对此，我们不妨根据口头禅使用的不同来对身边的人进行划分：

1．"据说、听说"

常使用这一类口头禅的人，往往有这样一些特点：阅历比较广，但往往不够果断。为了让自己的话不至于太过绝对，给自己留点退路，他们便经常使用此类口头禅。

2．"真的、不骗你、说实话"

这种人在说话时担心听者会误解或者怀疑自己，因此，便急于想表明自己的立场。

3．"但是、不过"

这些人说话时滴水不漏，即使发现自己说错了话，也能立即找到一个例外，并用"但是"加以转折，但这也表明他们说话懂得给自己留有余地，从事公共关系的人常有这类口头语，因为其委婉意味，不致令人有冷落感。

4．"肯定嘛、必需的"

这类人往往信心十足，理智、果断，有足够的说服力，常常能够令人信服。

5．"嗯、这个嘛、啊"

很明显，这是一些用于语言间歇中的词语，常使用这类口头禅的人，往往思维反应较慢。当然，一些说话傲慢者也喜欢使用这种口头语。

6. "可能是吧、或许是吧、大概是吧"

这类人为人谨慎，行事周密，不容易得罪人，因此，人缘不错，但他们一般不会将内心的真实想法告诉别人。

著名心理学家威廉·詹姆斯说过：播下一个行动，收获一种习惯；播下一种习惯，收获一种性格；播下一种性格，收获一种命运。

那么，从我们自身来讲，又该怎样避免口头禅为我们带来的一些负面效应呢？据有关专业人士介绍，有三类对人心理健康不利的口头禅要不得：

第一类，"我不行的""我怯场的"。在生活中，尤其是在一些特殊场合，我们常常听到这样的口头禅，表面上看，这只是一两句简简单单的口头禅，但对我们的心理起到了极强的负面强化作用，会导致我们形成自卑感进而不利于目标的达成，更对我们的心理健康有害。

第二类，摒弃那些能使人产生刻板印象的口头禅。从心理学角度而言，所谓刻板印象，就是人们在社会生活中，随着某些社会经验的积累，会过多地依靠这些经验为人处世、判定他人。

这类口头禅很多，如"帅气的男人一定花心""十商九奸"，这些带有刻板印象的口头禅会给人们带来偏见，既不利于人际交往的和谐，也不利于身心的健康。

第三类，则是诸如"凑合着吧""没劲透了""活着真没意思"，这些会传染给他人消极情绪的口头禅。

这些口头禅，会让你在社会生活中成为不受欢迎的人。

自言自语是自我解压的方式

我们都知道，一些精神病人都有一个症状，就是自言自语，他们有的独自讲话，有的喃喃自语，有的宛若亲友在旁滔滔不绝。因此，当我们发现某个人若无旁人地自言自语时，便认为他在发"神经"，认为他是脑退化或者心退化。

实际上，从心理学的角度来看，自言自语的情况在正常人中也存在，单纯的自言自语不一定是病态，从某种意义上来说，反而有利于身心健康。可以说，自言自语其实是人自我解压的一种方式。我们不妨先来看下面一个故事：

琪琪今年15岁了，刚上高中，进入新的环境，和同学们相处得很融洽，学习也很刻苦，新学期的期末考试就要到了，琪琪突然觉得压力很大。同学们经常看见琪琪一个人喃喃自语，吃饭的时候一个人说话，打开水、洗澡、睡觉的时候也都会说，同学们都很害怕，就把这件事告诉了琪琪的父母。

后来，母亲不得不带琪琪去看心理医生，在和医生交流后，医生对琪琪的母亲说："其实没什么大问题，孩子会自言自语，是她能自我调节的表现，孩子学习压力大，如果闷在心里，更容易出事。"听到医生这么说，琪琪和她的母亲都放心了。

在生活中，可能有不少人都会和故事中的琪琪一样，偶尔会自言自语，由于自言自语多表现在精神病人身上，所以长期以来，人们总觉得那些自言自语的人都是不正常的人，其实，每个人都可能出现自言自语的情况，现代心理学认为，自言自语是一种最健康的解决精神压力的方法，是一种行之有效的精神放松术。

心理学家经过研究认为，自言自语是消除紧张的有效方法，它可以有效地发泄心中的不满、郁闷、愤怒、悲伤等不良情绪，有利于消除紧张，恢复心理平衡。当你忧心忡忡时，若有机会听听自己的谈话，可能使你拓展思路，变换考虑问题的角度，减少钻牛角尖的机会。

心理学家的研究还总结出，自言自语能使人：

①保持镇静。自言自语的音调有一种使人镇静的作用，有一种安全感和人际交往的效应。调整思绪自我大声对话，可以调整大脑中紊乱的思绪，尤其是在紧张、劳累时。

②缓解矛盾。自言自语有利于澄清问题的是非，缓解矛盾冲突。

③消除不良情绪。许多不良情绪，如焦虑、紧张、忧虑和担心，若能讲出来，压在心中的石头就会被搬掉，从而达到心理平衡。

④改善睡眠。冥思苦想和各种不良情绪可导致和加重睡眠障碍，自言自语可终止思虑，减轻消极情绪，从而达到改善睡眠的目的。

⑤改善社交能力。各种消极情绪会影响人的社交能力，使社交能力受损，质量下降。自言自语能疏泄不良情绪，使心理保持平衡，进而提高社交能力。总之，自言自语是一种健康的解决问题的方法，而不能不加判别地认为这是病态。

总之，正常的自言自语应区别于精神疾病的自言自语。正常的人自言自语是由于思考问题所致，而长期精神压抑或抑郁的人是在精神恍惚的状态下，产生幻觉，在幻听中与实际不存在的人进行言语沟通。

可见，只要不是与幻觉有关的自言自语都是正常的。很好的自我交谈可以有效地发泄心中的不满、郁闷、愤怒及悲伤等不良情绪，有助于消除紧张，恢复心理平衡。当人们忧心忡忡时，若有机会听听自己的谈话，并对自己提一些问题，换一个角度看问题钻牛角尖的可能性就会减小。

"购物狂"是一种病态的消费心理

生活中，想必人们都有这样的感触：女人只要心情不好，就喜欢逛街；心情好了也会逛街，而只要一逛街，女人们似乎都有用不完的精力……她们真的有那么多的东西要买吗？当然不是！那女人们为什么如此热衷于逛街呢？

的确，在购物心理上，男人和女人是不同的，男人通常买东西都是直奔主题，看中合适的，直接掏钱买东西。而女士逛街则看心情，当她们心情不好时，购物是她们经常选择的发泄方式，而陪女人逛街，对男性来说却是一种巨大的心理折磨。我们先来看下面的故事：

小李是个急性子，但偏偏女朋友喜欢逛街，而且一逛就是好几个小时，最让小李吃不消的是，女朋友好像对商品毫无抵抗力，只要看到喜欢的，不管价格如何都会毫不犹豫地买下。

细心观察后的小李发现，女朋友最喜欢在情绪波动的时候逛街，心情不好的时候，她会用逛街来发泄；心情好的时候，她也会通过逛街来庆祝。不过让小李感到庆幸的是，女朋友很少向自己要钱买东西。

小李现在学聪明了，每次逛街时，他都不进商场，只在门口等，等女朋友出来时再为她提东西。不过小李倒也不孤单。每当他等女朋友，看到门口一圈男人也和他一样时，心中不禁涌出一句白居易的名句——同是天涯沦落人。

可能很多男人都和小李一样，对自己的爱人如此痴迷于逛街表示不解。购物狂过度购物，内在根源也来自外在压力。现代社会对女性的要求越来越多，不仅要貌美如花，拥有事业，还不能丢掉贤良温顺、相夫教子的传统美德，因此，职场中有些女性白领面临着很大的生活压力和工作压力，于是，购物就成了她们宣泄压力和负面情绪的通道之一。

一般情况下，多数女人都喜欢购物。逛街无疑也是一种很好的心理宣泄的方式，但也有一类女性，购物往往满载而归，却对自己的"战利品"很少满意，她们常常陷入一种"不买难受，买了后悔"的矛盾中，这类女性常自嘲为购物狂。从心理学的角度分析，购物狂和暴食症、偷窃癖一样，都属于冲动控制疾病范畴。疯狂购物的内在原因来自对商品的病态占有欲。

另外，作为下属没有能力控制自己的工作量，没有办法操控主管给自己带来的压力，或者生活中有很多身不由己的事情，让她们面临着很大的压力。

这种无助感让有些女性内心极其渴望能控制和把握一些东西，购物便很好地契合了她们的这一需求。

专家称："当人无法控制自己的消费欲望，而是进入一种购物上瘾、强迫自己消费的状态时，这就不仅是一种过度消费了，而是一种病态购物症，在国外被广泛定义为'强迫性购物行为'，需要及时接受指引和治疗。"那么，如何辨别自己是否是购物狂呢？又该如何防治这种心理疾病呢？

购物狂的典型特征是：见到喜欢的就买，买完了又后悔和自责，然而这种感觉只是转瞬即逝，她又投入下一轮购物战斗中。

　　"购物狂"分为缺乏自制力的冲动消费型、由嗜好变成沉溺上瘾的过度消费型、"耳根软"的被动消费型、减低空虚感的逃避消费型、只爱名店的崇尚名牌型、因贪便宜而大量购买的疯狂讲价型六种类型。

　　如果你是一个购物狂，那么，你需要进行以下心理调整：

　　（1）减轻压力是"购物狂"需要进行的第一步，只有认清压力的来源，寻找到适合自己的方法，才能从根本上解决这个问题。

　　当女性发现自己有购物狂的举动时，不妨尝试一下其他比较合理的宣泄压力的方式。宣泄的途径有很多，性格外向的女性可以找个地方高声大叫；性格内向的女性则可以把心中的不快写在纸上，寄给远方的朋友。

　　（2）行为主义的疗法，给购物狂制订购物计划，尽量少带钱出门，并且对较严重的人群建议与心理咨询师多沟通，可以和咨询师之间制定一个协议，完成一个阶段的协议后再去制定下一个协议。购物者还可以选择结伴出行的方式，让身边的人提醒自己合理消费。

养宠物具有积极的意义

相信在日常生活中，我们都会看到这样的场景：清晨或傍晚，在公园或者马路上，一个人牵着一条狗……不得不说，现代社会，养宠物的人越来越多，不仅老人养宠物，年轻人也养宠物，并且，所养宠物的种类也是越来越多。有人养猫、有人养狗、有人养鸟，甚至有些人还会养蛇、蜥蜴，那人们为什么越来越热衷于养宠物呢？

关于为什么养宠物，最通常的说法是"做伴"。国外有研究证实：饲养宠物陪伴孤寡老人，他们的身体状况会较为良好，寿命也会得到延长。而在我国，父母工作繁忙，没法经常陪伴孩子的家庭也会考虑饲养宠物陪伴孩子。

清清从大学毕业后，就离开湖南老家去了北京，成为北漂一族，她之所以去北京，原因只有一个——男朋友在北京。然而，不到三个月，她就发现男朋友有了新欢，于是，她很干脆地分了手。

然而，在没有一个朋友的北京，失恋的她好像失去了生活的重心，她不知道该何去何从。一次，她浏览网页时，无意间看到有人因为出国要送出自己的小狗，这引起了清清的兴趣。最后，清清很顺利地得到了这只小狗，它的名字叫果果。

虽然照看果果有点琐碎，但清清很开心，每天早上，在洗漱完之后，她都会给果果洗个澡，吹吹毛，喂它吃个早餐，然后带它去楼下散散步，回来刚好七点，然后她再去上班。

果果是只很可爱的小狗，它不会在家里随地大小便。清清不在家的时候，它会安静地躺在沙发旁；晚上，清清一回家，它就很高兴地跑过去，然后黏着清清不放。

现在清清常对周围的新朋友说，那段时间真是幸亏有果果在，不然她真不知道怎样度过那煎熬的失恋岁月。

从清清的经历中，我们发现，养宠物确实会让人感到身心愉快，在照料宠物的过程中，我们的心情也能得到舒缓，同时，宠物都是很好的听众，我们不必担心它们会泄露我们的秘密。的确，与宠物交流获得的乐趣和满足，是人与人之间交流未必能得到的。

当然，除此之外，养宠物者还有几种心理：自恋型、理想化照料者、排遣压抑的情感。

自恋型，就是养什么像什么，或者是一个人部分人性的反映。人通常都有自恋的行为，也需要有自恋的心理，养宠物是一种很好的又不自知的自恋行为。

理想化照料者，这种人有很多，如很多小孩都有这样一个阶段，他把宠物看成自己，而他自己则充当一个照料者，其实，他怎么照料宠物，内心就渴望别人怎么照顾他。有一些人，饲养宠物则是童年时期的一个未了愿望，如以前家庭子女比较多，父母能够给每个孩子的关注并不多，但孩子本身是有欲望与渴望的，在他的心里都有一个理想妈妈的原型，当有机会时，她便会充当这个理想妈妈，去照料宠物，作为一种补偿。

排遣压抑的情感是养宠物的另一种心理。人都有多面性，平常表现出来的不一定是他最真实的一面。这个时候就会产生一种压抑。压抑需要排解，养一只可以表达自己内心欲望的宠物，也是一种排解。所以我们会看到，一个斯斯文文的女孩却养了一条凶猛的大狗。

当然，养不同宠物的饲养者的心理也是不同的。

鱼类也是人们饲养的宠物中比较多的一种，与其他动物的生存环境不同，鱼缸有多大，鱼的世界就有多大。喜欢养鱼的人，不难发现他们更向往自由自在的生活，崇尚大自然，拒绝受到束缚，需要极广阔的自由空间。

鸟是又一种被古代中国人普遍豢养的宠物。由于它的羽毛华丽、体姿优美、鸣声悠扬动听，历来被人们钟情并宠爱。养鸟的人，基本上都有双重性格，一面渴望飞翔、渴望自由；另一面又害怕失去现实的生活。所以和他们打交道时要特别注意，千万不要被他们的双重性格弄得一头雾水。而且养鸟的人较为孤僻，不善于交际。

养另类宠物往往代表自己的一种愿望，这种愿望是独特的，很引人注目，但很多时候那种独特感、优越感，恰恰反映出其内心的懦弱与无助。例如，喜欢喂养蜥蜴的人，智商往往较高，但情商偏低。所以，这类人比较敏感警觉，不善于与人交往，对别人的议论也抱着不在乎的态度，所以他们没有太多的知心朋友。

养宠物不是坏事，但一定不要把生活的重心全部放在宠物上，要多发掘一点儿兴趣爱好，发现世界的精彩，并不是只有宠物才可以愉悦生活。

5 *Chapter 5*

揭秘微动作的读心策略

不安反应很独特

　　不安情绪是一种令人不舒服的信息刺激。而人的趋利避害本能会转移自己的注意力，这也是不安反应的发生规则。实现转移，身体规避，话题转移，都遵循了这个规则。此外，不安反应是非强烈反应，其反应表征也不剧烈，但都很独特，需要认真地观察。

　　上高中之前，我对不安这种心态并没有太强的认识，印象最深的是不写作业被请家长，一来那时候年纪小，二来心里完全被要挨揍的恐惧占领，没有心思去琢磨自己为什么不安、怎样不安……

　　直到高二，我们学校搞了一个活动：每门课留出一节，由老师交给同学讲解。当时我的语文成绩不错，跟老师的关系也比较好，所以老师决定把《念奴娇·赤壁怀古》交给我。她为了让我能讲得精彩，给我准备了很多多媒体课件，并且自己准备了一台家用DV给我进行拍摄。

　　到讲课那天，我很紧张，紧张到把"羽扇纶巾"读成了"羽扇仑巾"。而后来我看老师送给我那张光碟时，才发觉自己讲课时的一举一动有多好笑。看了几遍后，我心里忽然有了这样的想法：整整30分钟，我几乎把人类能做的全部能够表达不安情绪的动作神态都做了一遍。

　　首先，我感到极度紧张，在整个过程中，我的左手一直拿着教参挡在胸前，即使大多数时间用不上这本书。

其次，我在讲课的时候，目光始终在几位跟我要好的同学身上游弋，不停地咬着下嘴唇导致说话不清晰……

而如今，我已经可以很自然地在一个千人礼堂里对着众人侃侃而谈，回想那时候，除了感到辜负了语文老师的信任之外，更多的是对"不安"这种情绪的把握。

不安反应的表情反应

不安心态有两个最重要的表情映射：视线的异常和嘴部肌肉的动作。

不安的人首先想到的是把视线放在"能令自己产生满足感"的目标身上。我讲的那堂课，在极度不安之下，只敢去看几位与我要好的同学，他们令我心安，就是这个原因。其次，不安的人会让视线回避那些让他不安的目标。当我把"羽扇纶巾"读成了"羽扇仓巾"之后，我开始胆怯于跟语文老师有任何视线交集，因为我害怕在她脸上看到失望。

不安的人的视线都遵循这么一个原则：趋利避害。不安的人会潜意识地不去看那些令自己产生负面情绪的信息源，而是会去看让自己产生正面情绪的信息源。嘴部异常，是不安反应的另一个表象。

人在紧张不安的时候，心跳和血液循环会加快，一些神经密集度高的器官开始呈现干燥状态。嘴唇是典型的这类器官：舔嘴唇、抿嘴唇、咬嘴唇，都是人心态不安的映射。

当然除了嘴唇外，舌头上也有极高的神经元密度，所以人们在紧张时，会分泌更多的唾液，来润滑舌头和口腔。这些多余的唾液需要一次吞咽来处理，这时，就有了不自觉的吞咽动作。

处于不安心态的人还有一个嘴部表情反应，那就是咀嚼和吮吸。

和舔嘴唇不同，吞咽咀嚼动作的成因和眼部视线转移倒是有些相似，即给当事人带来愉悦感。弗洛伊德认为人在婴儿时期第一个获取快感的器官就是嘴唇，通过对奶头的吸吮和吞咽，达成快感。在成年后，人们会通过性、食物、自我实现等渠道获取快感，但单纯的嘴唇吸吮已经刻在人的潜意识里。当人们需要获取轻松愉悦感时，就会情不自禁地做这种动作。

总结起来，舔嘴唇、吞咽、咀嚼、吸吮，都有可能是不安心态的表情反应，但单拿出一样来，并不能直接证明当事人的不安心态。

无论是眼部还是嘴部表情，这都要结合情景来看，很可能有的人在思考的时候也喜欢咬嘴唇，所以，我们要继续了解不安反应的其他表现。

不安反应的动作表现

不安反应使人产生焦虑，人们会本能地寻找能够缓解这种焦虑的信息。不安反应的表情是这样，不安反应的肢体动作也是这样。

手部是人类操控感最强的肢体，人们对手的控制堪称绝妙无比。大多数人在产生不安反应时，所做出的绝大多数动作都是和手有关的。我们把这类动作分成两部分：第一部分是单纯的手部动作，第二部分则是手部与其他肢体的联合动作。

单纯的手部动作，如搓手、玩弄手指，这是一种通过手部动作转移焦虑、缓解紧张的典型动作，一般出现在焦虑紧张程度较重的时候。

而在焦虑程度较轻时，人们往往会用手部触摸其他器官，如脖颈、面部、下巴、鼻子、女士的头发、男士的胡子。这种触摸是通过对皮肤快感的增值来驱赶焦虑。

还有一个动作，也是用手部来缓解不安：这时，很多人习惯抓住自己的领口来回晃动。这是因为，紧张时，体表温度提升，皮肤汗腺会分泌汗液。晃动领口，衣服内部的皮肤表层空气流动速度就会加快，体表温度下降，汗液蒸发速度提升，焦虑被缓解。

这种动作，比较常见的有整理领结、松开领带、晃动衣服加快衣内空气流通，长发者还会用双手从发根至发梢拨一遍头发。

记住，不安情绪并不是极强的情绪，所以它衍生的不安反应也不会很强。过于强烈的不安反应往往代表当事人已经进入恐惧或愤怒情绪里，如说磨牙是不安反应，但死死地咬牙甚至把牙龈咬出血，就是愤怒；玩手指是不安反应，但手指相扣直至皮肤发白，则应该是恐惧反应。

不安反应的语言表现

语言上的不安反应的最大特征是：回避话题。我想大龄青年们对此一定感同身受：每到过年回家，他们最怕长辈提起的话题就是：谈朋友了吗？相亲了吗？什么时候结婚？每逢此刻，剩男剩女们势必将话题转移：听说大伯的孩子出国留学了？隔壁王奶奶得直肠癌了？房价要降了……

转移话题，是不安反应的第一个特征，虽然无聊或无视也会引起当事人的话题转移，但无聊引发的话题转移和不安反应引发的话题转移有明显的区别：前者会把话题引到让自己感兴趣的事情上，而后者则在谋求刺激源的消失。具体操作起来，反倒会把话题引到能够令对方感兴趣的事务上。前者为了兴趣而转移话题，后者为了转移话题而转移话题。

比如说，一个出轨的丈夫，每当妻子有意识地谈及出轨这类事情时，都会说：你不是想要去夏威夷度假吗？我们来看看接下来三个月的日程——其实丈夫对夏威夷没有丝毫兴趣，他更喜欢佛罗伦萨的人文风光。

除了转移话题之外，不安反应也有其他的语言特征。

有一次，我的一个朋友夜不归宿，被妻子质问。他的回答语言特别有意思："那个……我在一直在和某某在一起，然后？然后看了场球赛，那个，球赛到两点四十五结束，之后我就跟他喝了点酒，那个……在某某酒楼喝的，不信你可以问问某某。"

任何人看见这段话都会发现说话者的心虚。是的，心虚就是不安反应的典型表现。不安者说话时，常伴随着结结巴巴、无意义的语言重复（那个……那个……那个……然后……然后……在……在）、语言或字句的错误和拖沓（把"羽扇纶巾"读成"羽扇仑巾"）、刻意地装腔作势……我一位家在西南部的朋友跟我讲，每次他听到自己的儿子用普通话跟自己说话时，就知道儿子闯祸了……对一个习惯说方言的人来说，过于强调普通话就是装腔作势了。

陷入不安反应的人，可能会像筛糠一般不停地跺脚，会时不时地挠头发，会摸自己的下巴。当然，我们必须重申：跺脚可能是因为神经反射异常，挠头发可能是因为头皮痒，摸下巴可能是单纯的装酷。足够的不安刺激，几乎一定会生成这类动作，但我们如何通过这类动作反推断当事人陷入"不安"呢？

很简单，要根据情境来判定，即当当事人做出类似表情的时候，接收到的信息是否有可能对他产生不安刺激。如果有可能的话，那么当事人的不安反应是真的；如果没有这种可能，那么当事人的这些行为，则只是那些没有太大意义的动作。

一般来说，当不安反应足够强烈时，就预兆当事人在说谎，即"当事人在情势逼迫下说谎"；而这类谎言无法天衣无缝，一个逻辑缜密的人能在其中找到谎言的漏洞与过失。

厌恶反应是当事人的不自觉反应

厌恶反应是一种比较复杂的负面反应，它可以单纯激烈，如强烈的呕吐；也可以隐秘短暂，如一闪而逝的皱眉和撇嘴。强烈单纯的厌恶反应很好辨认，但隐秘的厌恶反应就需要你自己去观察捕捉以及更重要的思考和玩味了。

厌恶，是人在看到负面事物时的反应之一，也可以说是最单纯的负面情绪，因为当信息源对当事人造成巨大的心理落差后，心态会进化成愤怒；如果信息源过于强大，导致当事人可能会受到伤害并超出了其心理承受能力，那么心态会转变成为恐惧。所以，当一个人接受某种信息，该信息为负面，且既不会对他造成伤害，又没有强烈到超出他心理承受能力时，他就会出现厌恶心态。此时，当事人的不自觉反应，就是厌恶反应。

我们可以想象一下符合上述描述的信息源：一幅拙劣的画、一段糟糕的音乐……当我们接受这类信息时，会做出怎样的本能反应呢？

你会不想看、不想听，并远离信息源。具体的微反应就是：皱眉，低垂眼睑，虹膜收缩，瞳孔缩小，鼻腔收缩，脸部像内侧紧绷，鼻翼两侧呈现弯曲，嘴部紧闭，下巴以上向上收缩，完全是一副不看不听不闻不尝的架势；与此同时，你的身体会稍微远离信息源，这是本能地远离让自己感到不舒服事物的表现。

这就是一个正常的、饱满的、单纯的厌恶反应，其刺激源的刺激强度在当事人能够接受的范围内，不会造成影响；而当厌恶反应的刺激源增大，导致当事人心里甚至生理不适的时候，就会呈现一个过渡的厌恶反应。

面部：皱眉，低垂眼睑，虹膜收缩，瞳孔缩小，鼻腔收缩，脸部像内侧紧绷，鼻翼两侧呈现弯曲，嘴角牵动微微裂开，并露出牙齿，下巴以上向上收缩。

身体尽可能地后倾，并很有可能发出模仿呕吐的声音。

一个过于强烈的厌恶反应，其实就是对呕吐的轻度重复。当某事物对当事人的刺激含有恶心成分，这个类似呕吐的反应就出现了。据说，很多医学实习生在第一次观摩解剖实验时直接呕吐。

当然，能够引起恶心发生的绝不仅是视觉或味觉的刺激，有时候行为的刺激同样能够引起恶心。战场的新兵如果在入伍前受过较高的教育，道德水准较高，那么在战场第一次杀人后，很大一部分人会呕吐。引起呕吐的原因并非尸体的视觉或味觉冲击，而是自己的杀人行为强烈地冲击道德感，令自己产生了强烈的厌弃。

既然有恶心这种程度较重的厌恶，那么是否有某种程度较轻的厌恶反应呢？答案是肯定的，轻蔑，就是最常见的轻度厌恶情绪。

我所读的大学在北方的一座小城市，大二那年，系里更换系主任，新的系主任上任后，我去系主任办公室送班委名单。迎面走出来几个年轻的老师在谈论系主任，他们脸上的表情很有意思：鼻翼两侧出现沟状阴影，嘴部呈现笑容，但只有上唇活动，下唇几乎不动。

这让我匪夷所思，新的系主任毕业于中国最好的学校之一，在业内很有学术名望，选择来我们学校教书只是因为他的家乡在这里，如果完全依从他的事业发展，那么一定会留在大城市里的重点院校。那几位年轻老师为什么会在谈及系主任时露出那种讥刺的表情？

后来我才知道，那几位年轻老师是城市户口，又是"关系户"，没什么真才实学，经常被系主任叫到办公室进行批评，所以心怀记恨，就经常聚在一起嘲笑系主任的出身。

由蔑视产生讥笑或嘲笑，这种心态的产生原因有两点：第一，不认同对方；第二，自己觉得比对方具有明显的优越感，无论是客观上还是主观上。

也就是说，当刺激源令当事人感到排斥和否定，其刺激能量微弱无法令当事人感到任何威胁，当事人就会自然而然地产生轻蔑情绪。而当刺激源产生了某种荒唐效果，就会随之产生讥笑。

轻蔑反应很容易作伪，也就是说人们经常故作轻蔑，因为人们可以通过这种伪反应来表达自己的高高在上。区别真假轻蔑反应的标准就是持续时间的长短：一个持续时间过长的轻蔑和讥笑，必定是假的，是故作轻蔑、故作微笑以显示自己的强大；真正的轻蔑，一闪而逝。所以，如果你在生活中或职场里，遇见那种对你直接而持久的表达轻蔑或讥笑的人，千万不要自卑，对方只是通过嘲笑你来维护他的自尊而已。

我们可以总结一下厌恶反应的面部表情部分：轻度的轻蔑；正常饱满的厌恶；强烈的恶心——无论哪种程度上的厌恶，其核心表情在于鼻子，鼻翼两侧出现沟壑，这是无法控制的。

说到无法控制，我想大家会想到前面说过的瞳孔和虹膜，除了瞳孔和虹膜，我们的脸上还有无法主观控制的肌肉，现在我们要说的是提上唇肌和上唇鼻翼提肌，这两条小巧的肌肉就隐藏在鼻子的侧后方，提上唇肌竖在嘴部以上和眼袋以下，上唇鼻翼提肌则紧贴在鼻子与脸的连接线上。两块肌肉都呈条状，它们不会单独运动，只能联动，无法主动控制，只有在情绪到达一定程度时，才会自然运动。

就是这两块肌肉，造成了厌恶表情特有的鼻翼外侧的沟壑。

所以，鼻翼沟壑是判定一个人是否会出现厌恶反应的关键表情。而眼睑收缩和嘴部动作，则是厌恶表情的"测绘器"，其微表情越剧烈，表明当事人情绪越重。其实，鼻翼沟壑的褶皱深浅也能够反应厌恶程度的高低，只是这种褶皱不容易观察。

还需要说明的是，一个合理真实的厌恶表情，无论程度如何，它必须是配套的。举个例子，如果嘴部咧开表达"恶心"，但眼部有笑意，那么这绝不是厌恶；相反，我相信谈过恋爱的男孩对这个表情都很熟悉：当你对女友说肉麻的情话时，女友用嘴部伪造一个"恶心死了"的表情，但眼部出卖了她的真心。所以，真正的厌恶表情，各面部器官的表现，应该是具有一致性的。

厌恶反应的身体部分，就是呈现远离状态。与之前的原则一样，越是厌恶，这种远离就越远；而轻蔑则几乎不会出现远离，只会轻笑一下然后把头扭开。

最后，我们说说厌恶反应的语言部分：

在最强烈的"恶心"中，反胃感或者模拟恶心的语气词会代替具体语言，这种强烈情绪会让人失去语言能力；

正常饱满的厌恶语言反应，则会出现"拒听"这种情况，典型表现就是敷衍；

轻微厌恶反应，也就是轻蔑的语言反应，则有可能是不理睬；或者说，当情势允许时，能不理睬、不允许时，则会把焦点转移。很多时候，甚至直接打断当事人——你不能指望一个轻视你的人会尊重你，对你讲礼貌。

厌恶反应的情感来源是拒绝和否定，这也是厌恶反应的核心词。

预估被伤害是恐惧的真正原因

有些人说恐惧源于未知，还有些人认为恐惧的最深源头是死亡。但很多人认为，预估被伤害才是恐惧的真正原因。而一系列的表情上、行为上、语言上的恐惧反应，也都是对这种预估做出的反射性应对。而预估的被伤害越大，恐惧反应也就越强烈。

前文中我们提到了美式恐怖片给人带来的强烈呕吐感，现在换一个风格，回忆一下日本恐怖片：从井里一步一步走向你的贞子，咒怨里从楼梯上一步一步爬下来的小鬼娃……

贞子，你看不见她的脸，她拖着长长的头发，白色的袍子反着惨淡的光，又脏兮兮的，她从电视画面的那口井里爬出来，一步一步向你走来，你感到不安、惶恐，你知道要有不好的事情发生。你想要关掉电视，但遥控器又开始诡异的失灵，你想拔掉电源，却没有接近电视机的勇气。贞子从屏幕里一点一点爬出来：先是那个拖着油乎乎长发的脑袋，然后是惨白的手，她缓慢但笔直坚定地向你一点一点移动……

好了，我们就此打住，这毕竟不是一本恐怖故事集。用心读一读上面那一段文字，把自己带入其中，你会感受到什么呢？

饱满恐惧表情与箭头效应

你知道贞子会对你造成某种伤害，但无论如何你无法对这种伤害做出有效规避，你要像鸵鸟一样躲起来，你要把身上所有的要害藏起来。你可能会大喊大叫，也可能咬紧牙关打战磨牙。这时候，你的恐惧心理已达到饱满状态，而你的恐惧反应也进入了饱满状态。

恐惧的饱满表情是：

眉毛紧绷皱起；皱起之后，前额皮肤会对脸部出现向上牵扯，导致眉毛形成八点二十状；上眼睑随眉毛出现平行运动，内侧上眼睑提升以露出虹膜，外侧上眼睑下垂与眉毛运动平行。

极为令人震惊的恐惧会令当事人闭眼；鼻翼紧缩，两侧有沟壑形成；面颊紧绷僵死，嘴张大，并由于面颊的牵扯导致嘴角向两侧延伸，面无血色。

恐惧心态的心理动因，是人们对某信息源有伤害既遂或即将达成判定，但又无能为力，由此产生的反射性自我保护机制。

这种不自觉的自我保护，是一切恐惧反应的根本原因。

所以，恐惧反应和不安反应的共同点是无力感，但前者对无力感的表现是放弃抵抗，而不安反应的当事人在很大程度上还在寻找解决问题的途径。所以，后者比前者积极。

恐惧反应与愤怒反应一样，都是当事人对信息源产生伤害既遂或即将达成判定，但当当事人认为自己有战胜对方的能力时，就会对伤害产生复仇性攻击心里，这是愤怒；但当当事人认为自己无法战胜对方时，无力感弥漫全身，恐惧则产生。

至于恐惧与悲伤的关系则更为密切，你可以想象一个人恐惧时和悲伤时的神态，你就会发现，两种反应的眉眼表情部分是近乎相同的。是的，当恐惧信息源造成的无力感消退，伤害已经发生，当当事人理智上可以接受现状的时候，就发生了悲伤反应。所以说，恐惧其实是悲伤的预示，悲伤是恐惧的自然延续。

关于恐惧的肢体反应，人类和动物很像。如果你养过猫，一定会知道，猫在恐惧的时候和人很像：瞳孔缩小，耳朵向后紧紧地贴在头颈上。这其实就是表达了生物在恐惧反应中的形态：屈服。

恐惧反应的肢体动作，呈现一种自我保护的整体冻结姿态和轻微逃离。

身体向后上方轻闪，在颈部和肩部的共同作用下，脖子深埋；

或者抱胸捂脸，挡住要害，或者扭转身躯不让胸腹正对信息源；

同时，虽然焦点可能在信息源上，但不敢正视；

血液流速冻结性降低，这导致了体温骤降，周身颤抖，严重者心脏停博；尖叫，或把手伸进口中——这是恐惧造成的歇斯底里感。

结合愤怒的表情和肢体反应，我发现了人体的一个很有意思的现象，就是表情和动作整体方向的一致性。

至于恐惧，眉间会向上方蹙起，身体也会不自觉地向后轻闪。

再说说惊讶：眉毛高挑，身体也呈现向上提起的跳跃趋势；

而在厌恶反应中，人们躲避信息源的方向和嘴角牵动方向以及眉毛皱起方向是一致的……

总之，在愤怒、惊讶和恐惧中，眉毛像个箭头，总是指明了身体动作的方向；厌恶反应中的嘴角有这个动作。

而且，这种动作方向一致的表情运动和肢体运动都是同时发生的，我们称其为箭头效应。箭头效应是一个人做出某种表情是否和谐的重要原因。

这种身体的联动性和一致性很多，在我们进行微反应测谎的时候，很有意义。

表情以外的恐怖反应

结巴，是恐惧反应语言部分的核心。人在陷入恐惧时，思维陷入停滞，潜在的表意欲望为零，即恐惧是最阻止人表达信息的情绪，所以，恐惧对语言能力的削弱也是最强的。

除此之外，微动作反应绝不仅包含表象反应本身，皮肤颜色的变化、血液流速都可以作为微表情的依据。

我在"维基解密"上看过一份退休的中情局探员的办案录，现在想想还不禁为他的机智喝彩。

美国中央情报局负责美国国家安全，很多中情局探员都是有军衔的。卡莱普顿中校就是这样一名军人探员。在20世纪70年代，苏美争霸越演越烈的时候，一份墨西哥湾布防计划泄露了。能够接触到这份计划的美军高层，任何一个人如果变节，都会对美国造成严重损失。

克莱普顿中校负责排查泄密者。

经过多日调查，他把目光瞄准到五角大楼的一位发言人——卡诺尔少将。

卡诺尔少将参加过二战和朝鲜冲突，为人豪迈，是个典型的美国人，后来成为高官，在军政两界很受欢迎。

两人约见的时候，卡诺尔少将依然风度翩翩地回答着卡莱普顿的问题：他表情严肃，姿态沉稳，语气坚定，单从表情、动作、语言上看不出任何问题。

　　而在约谈接近结束的时候，克莱普顿中校对卡诺尔少将行礼握手道别，这时候他突如其来地问了一句："你认识某某将军吗？"（据揭秘资料介绍，某某将军是克格勃"针对北约国家军事人员策反事务"的主管，这个名字还没有解密，我猜测可能他本人之后也变节，在美国申请了政治避难，美国政府出于安全考虑没有对他名字进行解密）。

　　卡诺尔少将闻言，虽然表情几乎没有变化，但瞳孔骤然收缩，持续的笑容也出现了轻微停滞，但他很快泛起自己的眼球，做出一副轻微回忆思考状，并回答道："在一次对苏秘密换俘会议上见过，他很强大、很机智。其他的内容我就不能告诉你了中校，恐怕你的级别不够。"

　　中校满意地点点头："好的，我知道的已经够多了，先生！"

　　中校走后他立即申请对少将的全面监视和调查，三天后就发现他通敌的证据。

　　克莱普顿中校只见过卡诺尔少将一次，并且他的搭档全程观摩了这次约见，没有在少将脸上发现任何破绽，所以不明白克莱普顿为什么如此笃定少将就是泄密者。

　　克莱普顿中将解释："我与他握手的时候，问了那个问题。"

　　搭档摊手："是啊，我发现他表情有微秒的僵直，这可能是说明他惊讶于你为什么这么问，并不能说明其他问题。"

　　克莱普顿："是的，但我握着他的手，感到他的手忽然很凉——他怕我提及某某将军！"

　　看，当你吃透这本书，明白每一个微表情、每一个微动作、每一个微语言的成因，你就会明白金庸先生"草木飞花皆可为剑"的境界。

当然，与其他情绪一样，恐惧感也是分强弱的。弱恐惧介于恐惧反应和不安反应之间，弱恐惧的人，表情和肢体动作剧烈程度有所降低，但整体一致性绝不改变。也就是说，有多大程度的恐惧表情，就有多大程度的肢体动作。弱恐惧的人应该还留有一些语言能力，会出现求救和求饶的语言。

综上，恐惧发生有两种形式：现在进行时和突发性恐惧。

现在进行时恐惧，如孩子打针、一步一步走向你的贞子——日式恐怖电影格外善于塑造这种绝望感——这类恐惧往往比较单纯，持续时间很久。

克莱普顿对少将先生最后的提问则属于突发性恐惧事件，"吓了我一跳"就是突发性恐惧的典型方式——惊惧、惊讶与恐惧的结合。这类恐惧，由于时间短，突如其来，当事人往往来不及做表情，即使心理素质极好的人（如那位少将）也未必能通过理智掩盖这种惊惧。

悲伤反应的四个类别

当人们对伤害产生预估时，会造成恐惧；而当人们认为自己已经被伤害时，会产生悲伤。每个悲伤的人，都有被伤害的感觉，而哭泣、持续平静的悲伤、遗憾、悔恨，就是这种被伤害感觉的外在表现，也就是悲伤反应的四个类别。

在上一节中我们说过，恐惧是悲伤的预示，悲伤是恐惧的自然延续。二者有着亲密关系，但不代表它们之间一定会互相转换。完全摆脱恐惧境地，会有劫后余生的喜悦，而悲伤也不完全出自恐惧。

实际上，如果说被伤害的无力感使人恐惧，被伤害后的复仇性攻击使人愤怒，那么，被伤害本身就是悲伤的感情根源。

所以，悲伤往往会伴随恐惧和愤怒，因为三者都跟"被伤害"有着很大的关系。

那么，有没有纯粹的悲伤呢？其实是有的：当信息源造成的伤害不足够危险、事态的发生使自己寻找不到复仇的对象时，单纯的悲伤就产生了。单纯的悲伤一般有两种形态：一种是哭泣，另一种是平静悲伤。

饱满悲伤——哭泣

当悲伤得以发泄出来的时候，就变成了哭泣，所以哭泣是饱满悲伤的表现。哭泣微表情的反应是：

　　皱眉，双眉之间呈现直立皱纹，眉毛扭曲；眉形与恐惧反应很像，但眉毛纠结得更加厉害；眼睑呈禁闭趋势，哭泣时颅腔压力会产生剧烈变化，闭眼会保护眼球；面颊肌肉牵动嘴角裂开，在诸多表情中，哭泣是咧嘴程度最大的，会形成法令纹；双唇贴在牙齿上，上唇向上用力提升，下唇适度下降，并呈现W形曲线，这种W形曲线是哭泣表情特有的；下巴紧绷，下巴表面凹凸不平，像一把锉刀表面一样。

　　与大多数表情反应一样，伪造哭泣也只能伪造嘴部，所以当一个人（孩子尤其如此）只用嘴巴扯着嗓子哇哇大哭时，你就可以判定这是个伪哭泣了。

　　哭泣时，面部抽泣应该是无规律的，呼吸是紊乱的，为什么呢？

　　哭泣几乎是基础负面情绪里唯一一个没有任何能量控制的。恐惧虽然也是一种主观失控状态，但因为恐惧从另一个角度上来说是一种示弱，所以恐惧反应还是本能地在约束能量。

　　但哭泣不同，哭泣时人的呼吸是抽搐性的，没有丝毫规律性和均匀性可言，身体则呈紧缩趋势，哭泣的人都有无助感。所以这种紧缩与恐惧反应的肢体紧缩很像，但是恐惧反应的紧缩更加强烈，因为恐惧的紧缩有示弱和保护两种具体用途，而哭泣时紧缩是使能量放任流逝后自然收缩。所以，当悲伤遇见其他情绪，如愤怒的哭泣时，人的肢体会由于愤怒而出现攻击姿态，而不是蜷缩姿态。关于表达行为和意图的具体微反应，我们将在后文讲到，现在我们回到悲伤情绪上。

　　根据哭泣的放任能量特点，我们可以很轻松地识别怎样的哭是假哭。比如哭丧，吸一口气用0.8秒，然后哭号用3.2秒，一个熟练的哭丧者，做100次哭号都会是这个节奏——而节奏感是哭泣最大的破绽。试问，一个完全放任式的动作怎么会有节奏感？

哭泣的人会失去语言能力，负面情绪都会或多或少地削弱人的语言能力，但哭泣削弱得尤为明显。当出现恐惧反应时，人可能会由于求生欲望而出现恳切的求饶话语，但哭泣只能用基本表意和"哇"这种语气词来辅助悲伤。

哭泣的时间长短很大程度上体现了一个人的悲伤程度，而由于哭泣放任能量的流失，所以一个人在长时间哭泣后会出现脱力感。我记得小时候有一次被同学冤枉，十多个人作伪证指证我，我哭了两个小时，最后手脚抽筋才作罢。

我们再来介绍一些哭泣中的"另类"。

抑制的哭泣：紧闭双唇，甚至用手捂住嘴不出声，所以眉眼之间的反应更加剧烈。

与愤怒相比，在不能哭泣的场合，人们往往习惯捂着嘴。但请注意，对一个十分注意自己仪态的人来说，任何场合——就算是酒吧里——他都要端着绷着，笑不露齿，哭自然也不能露齿。

小孩子的哭泣很多时候都呈现出过于明显的节奏感，这是因为在他们的思维中只要哭，大人就会满足他们的要求。所以很多孩子会养成这样的习惯，通过哭泣来让父母屈服。所以，想要搞好育婴工作，就要尽量不在孩子哭泣的时候才意识到他有需求。

消极平静的悲伤

平静悲伤是悲伤的另一个表现形式。实际上，平静悲伤的悲伤程度往往并不弱于哭泣，只是很多原因使当事人无法哭出来。但哭泣作为悲伤的最有利发泄渠道，如果无法达成，当事人陷入了平静悲伤，反倒是更加辛苦。所谓"此恨绵绵无绝期"，就是这个道理。

平静悲伤反应有以下特征：

面部整体木然；眉头轻皱，并有轻微扭曲；嘴角下垂。

身体松垮，双臂可能出现无力的下垂，身体呈现轻微伛偻。

语言无力，反应呈现万念俱灰感，消极用词的语言倾向明显。

这种悲伤的人，身上带着明显的晦暗气质。在生活中你一定见过这样的人：他常常连腰都挺不直，抬胳膊的时候手腕关节也是下垂的，仿佛对他来说地球引力足足有1000千克；他的语气永远不紧不慢；他的眉头有轻微地皱起，眉宇间洒落着无尽的忧郁。

芝加哥爱乐乐团的指挥本杰明·赞德先生，曾经讲过一则故事，完美地诠释了两种悲伤的关系。

20世纪末，赞德先生在爱尔兰交战区域做公益演出，在一次即兴独奏上，他弹奏了一曲肖邦的夜曲。肖邦特有的悲伤让在场的战区灾民纷纷落泪。

第二天，当他再一次来到难民区的时候，一个10岁左右的小男孩过来表示感谢，他说："我哥哥去年被炸死了，不知为什么，我哭不出来。但听了你的购物曲（肖邦的英语发音与购物'shopping'很像），我回窝棚的路上一直在流泪……那种感觉……你懂得……就是那种感觉。"

顺便提一句，赞德先生一直致力于推广古典音乐，用他的话说：世界上有3%的人热爱古典乐，如果这个数字变成4%，那么将不会再有战争。

言归正传。

这个10岁的孩子没有仇恨和恐惧，只有悲伤。一开始，由于诸多原因，如战乱，他无法通过哭泣发泄悲伤，于是，他每天都在回忆哥哥的死亡，除了逃命之外，他无精打采，心里空落落的。

直到肖邦的曲子让他哭出来，悲伤得以发泄，他才能重新面对生活。实际上，夜曲就像催化剂，而他的悲伤情绪本身依然来自哥哥的死亡这件事。

平静悲伤耗能较低，所以持续时间非常长，这种心态对人的身心健康极为不利。在世界绝大多数国家，女性都比男性活得长，往往就是因为遇见悲伤的事情时，女人可以哭出来，男人只能憋着，久而久之，抑郁的生活状态会加快老化速度，男人衰老得也就更快。

平静悲伤和哭泣相比，更为悠长，对身体伤害更大。那么，如何从平静悲伤走向哭泣呢？其实，平静悲伤的本质是在心理上对事物还没有接受，而哭泣则是接受悲伤事物的开始。

举个例子，我看过一档婚恋节目，把有裂痕的一对夫妻请到舞台上，让双方把矛盾和不满都说出来，再请嘉宾做点评，请学者和专家来判定两人是否应该继续在一起，并给出意见。最终由两人共同选择结果。

有一对夫妻已经结婚6年。女方事业心重，眼光很高，大学四年没有谈恋爱，读研前期才认识了已经研二的学长，也就是现在的丈夫。

他们恋爱之后，发现对方各方面都与自己非常合适，有共同的兴趣爱好，感情也很深厚。学长毕业后，两人结婚，并共同经营了一家公司，越做越大，发展为一家有近百名员工的中型企业。七个月前，公司陷入危机，两人开始焦头烂额，温存的时间几乎没有。

但不到一个月，公司就走出了这次灾难。妻子却惊讶地发现丈夫对自己越来越冷淡了，不久前甚至提出了离婚。

妻子当然不愿意，所以力图挽回。她看向丈夫的表情一直很悲伤，看得出来，丈夫提出分手已经不是一两天的事情了，这让她很伤心。

在舞台上，她不承认两人感情破裂，只认为发生了阶段性的问题。

直到丈夫问她"你是否还毫无保留地爱着我"时，她回答了"是"。

这令现场的嘉宾学者们纷纷责怪丈夫：这么好的妻子你上哪去找，还不低头认错拥抱妻子，手牵手回家？

丈夫冷静地对妻子说："你说谎！"

这激怒了妻子，她开始愤怒了起来，如果不是主持人拉着，她可能会对丈夫施以家暴。

丈夫见妻子失控，缓缓地说："我查到了你在转移财产。"

妻子闻言条件反射地说了一句"你怎么知道"，紧接着眼神中开始出现恐惧。

丈夫接着说："七个月前，我们的公司陷入危机，你曾问过吕律师，如果选择跟我离婚，是否能保护你的那份（财产）。我开始怀疑你、冷落你，也是从七个月前开始的。"

妻子像抽空了力气一般，险些跌倒在台上，回过神后已经开始流泪，然后捂着嘴跑出了摄制组。

妻子不爱她的丈夫吗？不，她爱，否则不会那么伤心，也不会那么努力地想挽回。只是没有毫无保留地爱，并且仍然做出一副"毫无保留地爱着你"的架势，可能在丈夫看来，这与说谎没有区别。但她并不接受自己说谎，并且仍然认为自己毫无保留地爱着自己的丈夫，两人只存在可以解决的问题。这种不接受的心态，是她一直以来抑郁悲伤的源泉。直到她哭了出来，相信在痛快地哭一场之后，她会选择离婚，并开始新的生活。

遗憾与悔恨

诗人张枣在那首不朽的《镜中》如是说：只要想起一生中后悔的事/梅花就落满了南山。

我记得两年前，在一个国内知名论坛上，曾出现了这样一个帖子：如果让你穿越回2000年，对当时的自己说一句话，你会说什么？从跟帖中摘录几个有代表性的：

我要告诉自己，遇事冷静别冲动，否则没有好果子吃。

我会跟自己说，把那只股票尽早卖掉。

别那么相信他，别对他那么好，不值得。

千万别对她防守，否则你将痛苦一生。

那是你最好的朋友，别伤害她。

对爸爸妈妈好一点儿，因为他们并没有多长时间了……

几乎所有的话，或涉及金钱，或涉及事业，或涉及爱情、友情、亲情，看似各有不同，但实际上都表达了一种相同的情绪——悔恨。那么，什么是悔恨呢？悔恨就是当事人对自己曾经的某种行为持否定态度，但由于时过境迁无法做任何弥补所以产生无力感，这种无力感造成的浅悲伤情绪，就是遗憾。

遗憾是一种类似悲伤的情绪，其产生来源于无力感而非信息源本身的刺激。遗憾反应在形态上类似平静悲伤，但程度极轻，语言上会出现轻度感叹。

单纯的遗憾并不能给人造成太大的信息刺激；但是，当遗憾的对象本身也对当事人形成悲伤刺激的时候，悔恨就出现了。

悔恨是平静悲伤中的典型变体。当一件过往的事情依然可以记忆犹新时，说明信息源本身已经给了当事人足够的悲伤，并且是一种典型的平静悲伤，因为引发悔恨情绪的信息源已经是过去式，当事人对于信息源无能为力。信息源本身的悲伤和对信息源的无力感，是悔恨情绪的双重悲伤来源。

根据悔恨信息源的程度深浅，悔恨反应可以由轻度平静悲伤一直过渡到哭泣。但是，因悔恨反应而产生的哭泣不会令当事人走出悔恨，这就是悔恨不同于一般平静悲伤之处。

在一般的平静悲伤中，哭泣是可以解决问题的，但悔恨无法解决问题。因为即使你哭泣了，只要事情无法解决，你就依然会对以往的事情产生无力感。

中国人在安慰悲伤的人时，最习惯说"请看开了"，所谓的看开，就是当事人单方面的思维反射：当我们对信息源无能为力时，就只能看开。

耻辱感发生的两个要件

对自己的负面认知和"羞于被他人窥视",是耻辱心态的两条线索,而这两条线索也就是耻辱反应的表现。当不希望被其他人窥视时,当事人做出捂脸之类的羞耻性动作。而在某些情况下,当事人也会努力让自己变得更好以走出负面自我认知,这也就是所谓的知耻而后勇。

在学生时代,你一定对经常被老师批评的同学不陌生,你还能否清晰地回忆起他在挨批时的样子?他一定会低着头,面带羞愧,一声不发。而此时,这位同学的心理状态就是耻辱的。耻辱是当事人认为大众看待自己的评价为负面时,所产生的自我厌弃。

也就是说,耻辱感的发生,有两个要件:一是有特定观众;二是当事人对自己的行为有耻辱性认知。

在没有观众存在的情况下,耻辱感是不存在的。据说一个具备极高道德感的人会达到"慎独",也就是在只有自己在的时候,也会为当前的行为感到耻辱。但我们毕竟还是凡夫俗子,我们的耻辱,都是因为有观众的存在。

关于耻辱性认知,我感同身受。小学三年级的时候,坐在我前面的女生站起身弯下腰整理桌布,腰露出了一大片。我傻乎乎地站起来拍了拍她露出来的腰,本想提醒她"别凉着"。不想她回身就给我一巴掌,并骂我流氓。那时候我大脑的词库里真没有"流氓"这个词，所以很疑惑她为什么要恩将仇报。但周围同学，尤其是女生们的窃窃私语让我抬不起头来。所以，虽然不知道什么是流氓，但至少知道女同学的身体是不能随便碰的，就算是好心也不行，因为我的同学使我对这种事产生了耻辱性认知。

而明白了耻辱的成因，对耻辱反应的推测也就顺理成章了。耻辱的两个要素：耻辱性认知和观众。前者是无法通过客观手段来消除的，除非失忆。所以，耻辱反应的全部依据，就集中在规避观众上——如果不让观众看见我，那么就不耻辱了。

饱满的耻辱反应，面部表情很复杂，你会在他的脸上看到悲伤和厌恶的结合，几乎无法作伪。

耻辱的主要动作是低头和缩肩，这套动作，其实就是为了把头藏在身体里，使观众们无法察觉到你的存在，以此减轻耻辱。

饱满而单纯的耻辱中，当事人往往不会说话，这并不是因为耻辱反应本身剥夺了他们的语言能力，而是耻辱会让人自觉地避免成为他人注意的信号。所以，即便说话了，声音也会很低。

总之，当你观察一个人的一切表情、动作、语言反应时，都配套地显示出"不想让其他人发现"的体感，那么这就是真正的耻辱反应。俗语说"恨不得找个地缝钻进去"，就是对这种反应的精彩总结。

而轻度的耻辱，是怎样的呢？

我们在前几节分别用美国和日本的恐怖片来论述问题，在这里，我们再用一类电影——韩国喜剧来论述此问题。

在韩国经典爱情喜剧片《我的野蛮女友》中，有一个很经典的桥段：女主角强迫男主角穿上自己的高跟鞋走路。男主角于是傻乎乎地穿着高跟鞋，一瘸一拐地走了很久，周围的人都对此投以异样的眼神。

看，韩国喜剧最惯常的手段就是尴尬，各种各样的生活化的尴尬。其实，不只韩国喜剧，郭德纲先生的段子里，也出现了类似的笑料，我们挑选一则出来：

话说几个朋友半夜三更去公共浴池里泡澡，不料洗澡之后发现衣物被偷，这可了不得了，总不能光着腚出去。愁眉苦脸之间，最聪明的那个朋友忽然说："怎么不能，现在凌晨三点大街上又没有什么人，就这么出去也不会有人看得见。"几个朋友想了想，觉得也对，于是，就各自赤裸着身体，走在大街上。一开始，大家还很有些拘谨，后来发现空荡荡的大街上，除了路灯和树就只有他们几个人。慢慢地竟一个个开始兴奋了起来：赤身裸体走在大街上的机会可不是经常有的。于是，哥几个放肆起来，又唱又跳的，赤裸着身子好不痛快。谁知，几人正玩得"嗨"的时候，迎面走过来一大群人，目测有上万人，看举着的标语这才知道：原来是欢庆申奥成功的游行队伍！几人目瞪口呆，大街上根本没有可以躲的地方。这时，又是最聪明的那个人，忽然灵机一动，掐着嗓子对那群同样目瞪口呆的游行者喊道：哇！你们地球真好玩，地球人真多啊！

无论是韩国戏剧还是郭德纲的相声，都巧用了尴尬。其实要掌握这个度很不容易，如果程度太轻，那么不会引人发笑；而程度太重就会由尴尬变成羞耻，让人笑不出来。由此我们也可以明白尴尬的属性——轻微耻辱。

当然，尴尬有耻辱的所有要件：耻辱认知——一个人必然对当前的自己或当前发生的事情产生不快或不协调感；观众——独处的时候很难产生尴尬。但尴尬要比饱满的耻辱反应轻很多，脸上不会出现纠结不清的厌恶以及悲伤状态，反而是不安反应重一些。而在肢体上，会出现一定程度的躲避，但不会"找个地缝钻进去"。由于尴尬反映的信息源刺激不强，对思维扰乱不那么重，所以尴尬反应的当事人也不会忽然噤声，反而可能急中生智地说出类似"你们地球真好玩"的话。

尴尬与耻辱之间的界限是主观的，甚至耻辱和原态反应之间的界限也是主观的，要视当事人的心理承受能力和耻辱认知度来定。就拿裸体在街上走这件事来说，如果是一个泼皮无赖，可能只会觉得尴尬，而一个未婚女孩就会感到羞耻，甚至要自杀。

耻辱反应本身是一种复杂反应，耻辱情绪也很复杂，但它也可以与其他情绪结合。比如，当一个人在耻辱中受到伤害，可能同时发生耻辱和悲伤；而当一个人对这种伤害有能力反击时，也就会出现愤怒的耻辱，所谓知耻而后勇。

耻辱是人类独有的感知，《圣经·创世纪》里面对此有隐隐约约的解释：亚当和夏娃一开始居住在伊甸园，两人赤裸，但并不以此为耻。直到两人吃了善恶果，才知道耻辱，从此穿上了衣服。其他生物没有羞耻这种复杂的感情，也就没有相应的复杂反应。

最后要指出的一点是，耻辱是有持续性的。当你经历过一件耻辱的事到想让你自杀的程度时，这件事情即使过了几十年你也忘不掉。韩信对项羽的所作所为，很大程度上就是因为当年受了胯下之辱。

但是，这种持续性其实很不健康。长时间沉浸在自己制造的耻辱感里，会产生严重的自卑。其实，我们中华民族就有这种自卑情结，由于一个多世纪以前的历史过于耻辱，被各国列强欺压，导致了这么多年以来，国人似乎一直在耻辱中活着；即使中华人民共和国成立后，那时的中国人见了老外也会自觉矮了一头。

这些年，中国人取得的成绩越来越被瞩目，也越来越被世界各国所认同，但仍然在骨子里有些唯西方论。我经常在网上看到"看，美国人都说我们好"这类的言论，似乎美国人说他好，他才有了好的资格。我们在很多领域，如体育竞技，力争压倒西方，以洗刷一百年前的耻辱，证明自己的强大。但就是这种"凡事都要和西方人争个长短"以及"西方人说好才是真的好"，才恰恰是自卑的另一种体现。

一个真正的强者心态，我认为应该是这样的：我努力做到我所能做的，是为了让自己更好，而不是战胜其他人；我不歧视其他人，所以不认可其他人的歧视；如果别人对我提出意见，我虚心接受并审视自我；但是，我相信我能做出好的事物，而这种好，并不需要别人认同。

Chapter 6

揭秘微动作背后的意图

人类的冻结反应

冻结反应的成因是"具备一定强度和不可预测性的信息刺激"，当事人需要冻结以便自我保护并思考下一步的动作。冻结反应是人类仍然遗留的诸多动物本能之一，因此，我们甚至可以从很多动物身上找到冻结反应的某种同理性。

绝大多数脊椎生物在某种条件下，都会出现运动节奏的停滞，这种停滞被称为冻结反应。羚羊在闻到血腥味时会把正低垂在草丛里的头抬起来，机警地观察四周。它会紧紧地注视着味道飘来的方向，调整呼吸；当确定有危险时，它会把身体缩起来，紧绷肌肉，吸一口气，腿部向相反方向偏移；当狮子露面时，羚羊会以迅雷不及掩耳之势逃走。

仔细观察缤纷多彩的生物进化史你就会发现，每一种生物的进化都有两条原则：趋利、避害。而关于避害的进化，却有不同方向：马为了躲避狮子越跑越快，这是逃离式选择；雷龙为了防御跃龙的血盆大口，进化出了尖利庞大的角盔，这是战斗式选择；但还有一种进化方式，是所有脊椎动物与生俱来的、并且是永不磨灭的本能，那就是冻结式选择。甚至，有些生物的主要避害手段就是冻结，而为了配合冻结，它进化出了令人类惊叹的伪装能力，如变色龙。

人类的冻结反应，同样深刻地印在我们的本能里；但与动物不同，人类的社会成分、接收的信息刺激、情绪的反应都比其他动物更加复杂和多样化。所以，人类的冻结反应也绝不仅是避害手段。人类的冻结反应分为短冻结和长冻结。

短冻结

人们由于某种原因，出现了违反常态运动节奏的停滞，如果这种停滞存续时间短暂，且只停留于潜意识，即为短冻结反应，也称潜意识冻结。短冻结反应有一外一内两个成因：第一个成因，外界的刺激源刺激使人产生情绪波动，导致短冻结；第二个成因，当事人自己产生了某种情绪波动而产生冻结。

其实，第一个成因，就是惊讶情绪。当信息源的信息刺激达到一定强度时，短冻结反应发生：眼睑放大，虹膜张开，瞳孔微缩；由下颚带动嘴部张开，出现急促吸气；肢体运动出现骤然停滞；发出短促、简单、单音节居多的疑问语气词。

而当人们对信息源认知发生了更加具体的认识时，则短冻结发生改变，如当信息源在审美角度上符合当事人审美观点时，当事人会出现求爱反应；当信息源对当事人造成威胁时，当事人可能出现战斗反应或逃离反应；当信息源在意向上与当事人一致时，当事人会出现同意反应……

由惊讶引起的短冻结可以看成是蓄势待发的预备动作。当当事人收到足够的信息刺激时，绝对会产生冻结反应。当然某些训练会把冻结反应降低，但只要你仔细观察，就一定能发现某种征兆。这种惊讶如果持续时间太长，那么很有可能是当事人故意而为之：通过装模作样的惊讶争取时间以思考接下来的行为，通过装模作样的惊讶来蒙混过关，等等。当然也有人会通过延续冻结反应时间，以证明"自己并没有被冻结"，并保持风度。

我小时候看过一本纪传体小说，叫《侍卫官杂记》，据说作者是蒋介石的贴身侍卫，记载了蒋介石从抗战胜利到撤守台湾期间的一些事情。书中记述了蒋介石在南京的一次讲话中，一名刺客在人群里忽然站起向蒋介石开枪，子弹与蒋介石"擦脸而过"，紧接着刺客被制服。整个过程，蒋介石纹丝不动。第二天报纸盛赞蒋介石沉着冷静、临危不惧，泰山崩于前而色不变。

而侍卫官则哂笑：当时我就在老头子（对蒋介石的称呼）身边，老头子的脸都白了，他没反应过来。后来见刺客被制服，才强忍着没有钻进桌子底下……

除了外界的信息刺激之外，自我意识也会产生冻结反应。比如，一个忽然冒出的想法——强迫症患者对此应该深有体会：穿戴整齐下楼后，却忽然觉得自己好像没锁门，就马上愣了一下，再回家看看是否真的如此。"愣一下"就是自发性的短冻结反应，这种情况下的短冻结时间比较长，通常是为了思考。

由于两种短冻结反应很像，所以经常有人会用一种短冻结来掩盖另一种。比如，你和你的女友走在大街上，你的女友忽然睁大眼睛，然后拉着你的手把你往回拉扯，说："哎呀！手表落在家里了，你陪我去取吧。"她在运用自发性短冻结，而实际上，对面走过来的那个男人可能是你女友的前男友之一，她的冻结来源于见到前男友时产生的惊愕，继而害怕你与前男友见面产生尴尬，所以，火急火燎地把你拉向另一个方向。

自发性的冻结反应与外界刺激式的冻结反应最大的区别在于：眼部是否出现了"惊讶反应"，即眼睑放大，虹膜张开，瞳孔微缩。除此之外，没有其他区别，所以，想要分清对方的短冻结属于哪种，盯住他的眼睛就可以了。

长冻结

与短冻结相对应的，自然是长冻结。长冻结是指当当事人判定信息源在一定程度上能给自己造成较为可怕的后果时，需要长时间冻结自己的动作，以便进一步观察信息源、躲避迷惑信息源、思考如何应对信息源。

长冻结与短冻结在表现上的区别是冻结时间的长短，而更本质的成因区别则是在于信息源对当事人的刺激强弱。屏住呼吸一动不动，就是长冻结的最标准状态。

我们在研究刺激源强度与冻结反应的关系时，发现了一个很有意思的现象：当信息源的刺激强度提升，当事人进入冻结反应；而如果继续提升刺激源强度，那么当事人则会打破冻结反应，转而进入其他反应状态以面对刺激源；可是当信息源的刺激强度进入一个极高的状态后，那么当事人还是会处于长冻结状态，即所谓的目瞪口呆。

其实，信息源刺激过强导致的长冻结，从其反应形态上来看，与饱满的惊讶反应几乎一模一样：眼睑放大，虹膜张开，瞳孔收缩；下颚牵动嘴部，嘴巴大张；一次短促而剧烈的吸气；身体动作和语言反应完全停止冻结。

由于信息源刺激过强，导致当事人长时间陷入震惊状态，他的肌肉组织在第一时间无法做出冻结之外的其他反应。很多时候，巨大的悲伤也会导致这种效果的产生。我的一个大学同学当在电话里得知父亲酒精中毒身亡时，瞪大眼睛至少10秒钟没有说一句话。

这种长冻结是很危险的，当事人情绪如果长时间无法发泄，则会造成许多严重的心理疾病。英国有过这样一个心理疾病的病例：一个6岁的小女孩在家中玩耍，目睹了父母被害过程，她家的监视录像显示，整个过程她瞪大眼睛张大嘴巴，无法做出任何动作。直到事件结束，她仍然保持着这个状态，持续了将近10个小时，无法交流、无法进食。医生担心她的身体，于是，给她打了一针催眠剂。

睡醒之后，小女孩吃了东西，并且也能够与人简单交流，但人们惊讶地发现，小女孩竟然失明了。经检查，小女孩眼部的生理构造完好无损，但由于心理上的强烈排斥感，她选择不去看见这个丑恶的世界，所以导致失明。

心理医生指出那支安眠剂是罪魁祸首。如果小女孩在震惊之后能够被大人引导着把情绪发泄出来，那么她绝不会出现选择性失明。

非惊讶引起的冻结

带有强烈刺激性的信息源在生活中并不常见，生活中常见的长冻结反应，往往是信息源刺激达到一定程度时出现的冻结反应。这种长冻结的心理成因并不是惊讶，而是自我拘束。

在中国古代，臭名昭著的跪拜制度其实就是一种长冻结反应。这种反应最大限度约束自己，向上司或帝王显示自己的无害以获得荣宠。

在当代，其实也有类似的情况。

几位大学生大三时曾在一家公司进行过实习，老板为了表示对他们的重视，带他们去一家很不错的饭馆吃饭。席间，大家情绪高昂，觥筹交错。

忽然，老板电话响了，接完电话后，他脸色阴沉了下来，说公司有机密被泄露。

于是，气氛马上冷了下来，大家都屏住呼吸不敢说话，空气像凝固了一般。没多久，老板发现了大家的反应，马上挥了挥手，圆场道："大家继续，小事儿，不会对我们造成什么危害。"

几个主管会意后，说了一些调节气氛的场面话，气氛又缓和了下来。

看，这就是自我约束型的长冻结反应。

与惊讶引起的冻结反应不同，自我约束式的长冻结不会出现惊讶的典型特征。而是一种长时间僵直：表情趋于严肃认真，一丝不苟，并随着情绪变化而产生变化，但基本的一丝不苟不会变；身体的自我约束：肌肉紧绷，站立式会出现手插兜；语言趋于拘谨，用词谨慎而字斟句酌。呼吸调整，"大气都不敢喘"指的就是这种情况。

所以，当你看见一个下属被上司责备工作不力时，如果下属真的如上司所说，那么他就会出现这种冻结反应；但如果他剧烈地喘着粗气，毫不示弱地与上司对视，那么上司很可能是冤枉他了，至少，他认为上司冤枉自己了。

因此，反过来看，一个假装冻结的人也就很好辨认了：对方的表情是否僵化，呼吸是否降低，语言是否拘束，身体是否紧绷。

最简单而显著的逃离反应是人对疼痛的规避

逃离反应绝非是一个人胆怯的象征，而是所有脊椎生物的自然本能之一，这种本能让人潜意识地远离危险，保护人的安全。当然，在很多情况下，预备逃跑可能在客观上会令人更加接近逃离反应信息源。所以，你必须根据实际情况，尽量多地采集当事人的微反应信息。

我相信大家对成龙的电影一定不陌生，尤其是打斗部分，诙谐、幽默、机智，一改以往动作片一贯的硬汉主角形象，成功开启了一个"用脑子打架"的新动作片时代。为什么会出现这种效果呢？成龙在接受采访时说："因为我平时打架也这样啊，一个人来我就打，两个人来我就拼，三个人来我转身就跑！"其实，每个人在经过训练后，都有做成龙的潜质，这种潜质就是深植于人心底的逃离反应。所谓逃离反应，就是当生物规避对自己有害事物时的自然反应，人类的逃离反应同样如此。

逃离反应几乎是自然界最为普遍的反应，因为无论是单细胞微生物还是脊椎动物，趋利避害都是物种得以延续的最重要手段。人类是逃离反应的最佳继承者，通过各种各样的手段，人类将逃离反应演绎得更为复杂、深入。

最简单、最显著的逃离反应，即人对疼痛的规避。

当被利器刺伤的时候，你的手会条件反射似的弹开，以避免利器对你的伤口继续进行伤害。

如果你接触过交流电维修，长辈或师傅一定会告诉你，直接用手接触电器以测试电器是否有效时，一定要用手背接触电器。因为如果电器漏电，那么电流击中你时，你会条件反射似的把手往手心方向拉扯。如果你用手心接触电器，则有可能被

"吸住"。

我甚至听过一个笑话：老一代人在一起说怎样伤害人最疼，有人说是打脑袋，有人说是用针扎。一个抽旱烟的老汉指了指自己手中铜质的烟斗，笑道：你们说的这些都不行，告诉你们，把烧得通红的烟斗贴在人胳肢窝（腋下）里最疼。众人奇怪为什么是腋下，稍一思考就茅塞顿开。因为当人的腋下有疼痛感时，条件反射的命令不是张开胳膊，反而是夹紧……

你现在可能会有这样的疑问：不是说"远离"危险吗？夹紧胳膊并没有使人远离烧红的烟斗，反而更紧密……这其实恰恰反映了真正的逃离反应是一种无法作伪的微反应。想知道为什么，就必须探究一下逃离反应的形成。

首先，我们回顾一下对微反应的定义：这是一种本能的、源于条件反射或下意识的表情、动作、行为、语言反应。人们无法通过调动大脑意识运动来控制微反应，而只能对微反应进行模仿。那么，逃离反应自然也是源于条件反射和下意识的。换句话说，是非理性的，先于理性的，其形成得益于人类数万年来进化所养成的习惯本能。在遇见可能会伤害自己的事物时，人类会深深地吸一口气，绷紧肌肉，蜷缩四肢关节，准备逃跑或自我保护，而夹紧胳膊正是这种自我保护的过程：肋骨很脆弱又很重要，所以必须保护好。

由危险信息源引发的逃离反应，有以下特征：面部表情呈紧张、不安、恐惧趋势；会有吸气储能的反应；由于腿部是逃离反应的制动区域，所以血液流向下半身，脸色发白；站姿时，身体向反信息源方向倾斜；坐姿时，腿部绷紧，以便自己随时可以起身逃跑；语言急促紧张，会有敷衍性回避。

上面的描绘是否让你想到了这样的画面：一个信心不足的面试者，当他面对一脸严肃的考官时，没有比"如坐针毡"更好的词来形容他了。在生活中，大多数处在紧张、信心不足、焦虑等状态下的人，都会产生逃离反应。如前文所言，这种逃离反应源于人类对危险信息的潜意识躲避，它未必有用，有时甚至起到反作用（就像那个夹着烧红的铜烟斗的腋窝）。但是，你越紧张就越想逃离，而越想逃离，腋窝就被破坏得越大。所以，你要想办法克服自己的不自信和逃离反应。

其实，除非精神崩溃，否则，这种由威胁性信息源造成的逃离，并没有出现真正的逃离，而只是逃离准备。观察一个保持紧张坐姿的人，你会发现很多准备逃离的迹象：坐正方便站起；用手支撑腿部；双腿向后调整重心；脚尖接触地面，腿部紧绷准备离开。

可是，需要明确的是，并非一切撤离都是逃离反应。

抗战初期，当时的地方军阀被日本侵略军打得屡战屡败，"国军逃的丢盔弃甲，日军追的丢盔弃甲"，这是逃离。

发生在抗战前不久的两万五千里长征，虽然也是远离危险区域，但不是逃离，为什么呢？很简单，你能说数万人集体有纪律、成编制地大范围转移，并且对老百姓秋毫无犯，还保持着旺盛士气的迁移是逃跑吗？

拳王阿里也有一个重要战术，就是用灵活的脚步闪躲敌人的进攻，直到对手体能消耗过大时，再予以反击。阿里的闪躲也不是逃离。

其实，看撤离或规避是不是逃离反应，要看当事人在进行规避时对信息源的态度。如果他仍然觉得自己可以战胜信息源，那么就说明当事人没有出现逃离。

当然，除了有威胁的信息源之外，还有一种信息源可以对当事人造成逃离反应，那就是令人反感的信息源。与威胁信息源产生的逃离反应不同，反感信息源并不会给人无法战胜的恐惧感，所以，反感信息源导致的逃离，呈现的是另一种形态。

一个足够强烈的反感信息源导致的逃离反应，与饱满的厌恶反应如出一辙：眉头紧皱；强烈的闭眼趋势；上唇提升导致鼻翼两侧形成极深的沟壑；面颊紧绷牵动嘴角运动，嘴巴两侧产生"括弧"；身体整体呈现条件反射式的一系列远离信息源方向的动作，如后仰、偏头……

语言也会产生一系列的厌恶感。

这就是我们在前面提到的饱满厌恶反应。当然在绝大多数场合下，我们不会做出这种饱满反应，你能想象当你的老板提出一个愚蠢的决定时，你会直接表现出一副几欲作呕的架势吗？这也是当代中国社会的独有问题，人们太喜欢压抑自己的正常情感，以至于每个人都戴着几层"面具"活着，这也是我们研究微反应的原因——通过不自觉的反应来破解人的真实意图。

所以，即便刻意克制，但当反感信息源存在时，人们还是会不自觉地产生有意思的、可供观察的反应。

想象一下，当你站立时，准备听一个人讲话，如果他讲得很好，很能令你产生兴趣，你自然会把身体完全面向他，这样，你的两个脚尖也就自然而然地指向他。

如果演讲者的话令你十分厌烦，听都不想听下去，可是受限于场合等客观因素，你又无法转身离开，甚至你必须继续装出一副聚精会神的样子，此时的你会怎样？

首先，你的表情会由于这种心理冲突而显得僵硬：你会露出讨好的笑，因为这个讲话的人是你的上司；但你心里想让他闭嘴——所以，此时你的笑和赞赏都是僵硬的。具体体现在：你的嘴在笑，但你的眼睛没有任何的正面感情。

更重要的是，你的脚尖。我们刚刚提到，当你全面肯定讲话者时，你的两个脚尖会完全朝向他；但当你不耐烦时，你的一个脚尖则会朝向其他方向。这样，你的躯干和视线仍然可以面向讲话者，但你的身体其实随时准备离去。

除了脚尖之外，视线也是一个逃离反感刺激源的信号。用最为简单易懂的说法，我们在逃离之前会选好逃离的路，所以，在与人交流时，不妨看他是否一直把视线从你身上移开，转移到另一个方向。

那个方向不一定是他的逃离路线，但肯定有助于缓解你的无聊话语带来的烦闷感。

第三种可能造成逃离的信息源，是焦虑信息源。与威胁信息源和反感信息源不同，焦虑信息源的存续性很强。当逃离行为成功逃离了威胁和反感，那么这两种感觉就会消失；但焦虑心态则不同，即便信息源消失，只要使人焦虑的事物没有得到解决，那么焦虑情绪就一直存在。

从另一个角度来看，也可以把焦虑信息源视为人对焦虑事物的反应，即焦虑是一种"庸人自扰式"的情绪，其信息源在于自己的内心。

当然，无论如何，我们阐述的重点在于焦虑产生的逃离反应。这种逃离反应有以下特征：表情紧绷严肃；心不在焉，实际上此时，逃离反应当事人主要用的是大脑，语言功能在一定程度上弱化了；身体的逃离动作由于没有具体的逃离对象，所以呈现发散式逃离，即无规则运动。

关于焦虑逃离，最具代表性的动作就是——踱步。踱步是最没有目的性的运动之一，这种无规律性在很大程度上也描绘出了焦虑心理的特殊性。具体的逃离刺激源并不具体存在，所以借由无规则走动来逃离内心，或者说，帮助思考。

而踱步的速度和其焦虑程度成正比。据说，马克思在英国皇家图书馆有个习惯坐的位子，而当他每每遇到学术难题时，就会在那个位子的桌边踱步思考，久而久之，桌子旁边竟然走出了一条"沟壑"。后来，他突然换环境，继续踱步的时候，由于没有那条"沟壑"，竟险些摔倒。

经常抽烟，其实也是一种逃离。鲁迅先生说戒烟是戒掉一种姿势，其实就是借助一种无意义、无方向感的吸烟姿势，来对平时的习惯姿势进行逃离。

认同反应是对信息源发出的系列微反应

认同反应的心理成因是对信息源的正面认同感，由于恰当的认同反应会令对方产生好感，所以很多人习惯于伪造认同反应。想要区分一个人的认同反应是真是假，"是否自然"是关键。真正的认同反应，语言、肢体动作、面部表情必定很和谐，而伪造的认同反应往往滑稽夸张。

认同反应是当事人认同某人或某事物时，对信息源发出的自然而然的系列微反应。

与冻结、逃离、攻击反应相比，认同反应是正面的反应表现。其心理诱因是：当事人对于刺激源怀有正面的认同态度。你听到同事提到一个很有意思的点子；你听到朋友阐述了一个很不错的政治见解；你在报纸上看到了一篇很合你胃口的书评影评；中国古代的师长们，看到学生能用工整的小楷默写下来一篇《礼记·大同篇》……都会做出一个标志性的动作：在古代的文言文语境中，将其称为颔首；现代汉语则称为点头。

点头是认同反应的最基本动作。当然文化不同，导致其表意程度也不同：在印度，人们用摇头表示赞赏，点头则表示"好吧"；在东亚，中国人和日本人则喜欢用点头表示"是的，我知道了，我不反对"；而美国人的点头，则是致意，表示同意和正面肯定语句时的动作。

克林顿被性骚扰绯闻轰炸之前，在记者招待会上曾说"我跟这个女人根本没有发生性关系"，但当时他的头确实一直在点；也就是说，他有认同的、肯定式的反应，却说了否定语态的话，据此可以判定他在说谎。

认同反应在自然界的形态渊源是顺从，几乎所有的脊椎生物在表达顺从时，都会弯腰致敬。人类至今保留着这个行为习惯——鞠躬，而点头其实就是鞠躬的简化版，其顺从强度没有鞠躬那么强，但同样意味着一种赞成。

饱满的认同反应里，当事人会对刺激源产生很大的愉悦感，所以饱满的认同反应是愉悦反应的伴生品。其表情有着愉悦反应的基本特征：眉毛松弛呈自然拱形，前额平缓放松；下眼睑凸起，提升，出现笑容特有的沟纹；上眼睑微微闭合，配合下眼睑使眼部出现闭眼趋势；由于颧部肌肉的运动，导致嘴角向上、侧后方牵扯提升，面颊会隆起；下巴自然地向两侧完全展开，形成大笑特有的长沟纹。

同时，饱满认同反应，其点头力度会加大，点头力度实际上就是认同反应的程度调节器。小的时候，父母跟我们说"听话就给你买变形金刚"时，我们的点头就是这样有力且幅度极大的。

当然，点头也有其他的含义。由于点头是鞠躬的简化版，所以它在一定程度上分担了鞠躬的一个功用：致意。虽然表意力度没有那么强烈，态度也没那么恭顺，但是恰恰成了处于平等地位的人之间的一种打招呼方式。而与点头这种打招呼方式相比，表意更加不强烈，态度更加不恭顺，就是反着点头，即见到熟人时把头往上抬。这种动作常常伴随着抬起眼睑。一般来说，在极不正式的场合与身份跟自己相当，甚至偏低的人打招呼时会反点头，因为这个动作很多时候会显得轻佻。

除了表情和头颈动作之外，开放式的身体姿势也在一定程度上表达了认同的态度。伸出双手，敞开胸怀，都是身体开放的证明。

从事推销性质工作的人尤其会察言观色：当客户在听取你意见时，若正面朝向你，说明他在认真倾听；若轻松地抱起双臂，说明他在思考；若用躯干直接对着你，则说明他很认同你推销的产品，或者很认同你本人。

认同反应可以惜字如金吗？答案是肯定的。不少人，尤其是没有自信的人认为，如果对方认同我的话，一定会告诉我的，这样他必定在我说话的时候跟我产生许多交流。所以，一旦从对方那里得不到明确的语言鼓励，就会越说底气越不足，到最后把一件十分的事物说成了八分。

要知道，不说话并不代表对方不认同你，这很可能是性格、地位使然，我就遇见过这样一个人，那是我毕业前一年假期打工时的上司，一位姓吕的经理。

吕经理平时习惯戴着一副墨镜，上班时也不摘下来，据前辈们说，除了老板没人见过吕经理的眼睛。这样一位上司，身为下属的我免不了有些害怕，平时跟同事们有说有笑，可是，吕经理一出场，大家立即屏息凝神，去各干各的。

那时候，年轻的我曾经想过一个好提案，但由于还是实习生，没有参加例会的地位，所以无法把这个提案提出来。于是我就只能硬着头皮去找冷酷的吕经理，向他陈述我的提案。在陈述过程中，吕经理始终抱着肩膀，我看不到他其他的肢体动作，看不到他的眼神，冰冷冷的墨镜把一切可能存在的鼓励都遮挡住了。

在这种心态下，我颤颤巍巍地给自己的报告做了总结。本以为接下来会是无视甚至批评，却没想到，吕经理放下了胳膊，朝我点了点头，简单地说了句："挺好，去做！"

当时我脑筋险些没转过弯，傻傻地问了句："啥？"

吕经理似乎隔着墨镜看了我一眼，"我说，去做一做试试看。"

我"哦"了一声赶紧走出经理办公室。当天下午，美术组就有一名美编来我这里报到，说是吕经理让她来的；并且告知我，吕经理还给了我很多实习生不具有的公司资源权限。

看，很多人的赞同反应会发生得很晚，保持威严的人尤其这样。

所以反过来看，认同反应也会给人鼓励。当你在听取一位晚辈的话并想让他得到信心继续说下去时，那么不妨做出一副认同反应的样子；即使他的话里有问题，也最好以认同的形式去反驳他。比如说，"你的想法很好，但是这里是不是可以再商榷一下？"

当然，当你想要保持威严时，不妨学一下吕经理。总之，威严和认同，你需要根据情境自己选择。

炫耀的产生与性格有很大的关系

　　炫耀源于人们对他人肯定认知的渴望：希望别人看得起自己，希望自己能够得到他人的赏识，借此完成自我实现。通常，炫耀反应并非每个人都会有，往往只有这种渴求他人认同的需求比较强的人，才会炫耀。而自我实现对他人看法依赖越重，炫耀反应也就越强。

　　当我们认同他人时，便产生了认同反应；而当我们渴求他人认同时，就会把这种认同表现出来，这种表现行为，就是炫耀反应。炫耀的产生与人的性格有很大的关系，有一些人或许一辈子不会炫耀什么，而有些人则一生都在为炫耀活着。

　　首先，必须值得强调的是，炫耀并非一种负面的、不好的心态。一只长着蓝鼻子的驯鹿因为不被同伴认同就离群索居，最终可能郁郁死去。实际上，认同感是群居动物的本能。猫类作为社会性并不强的生物，就不需要认同，无论主人做什么，它都是一副满不在乎的样子。狗则不然，绝大多数的狗十分迷恋主人摸头和下巴作为奖励。很多生物学家认为犬科动物比猫科动物更为进化，支持他们这种说法的一个理由就是：犬科动物拥有更强的社会性。

　　炫耀心态的形成有三个要件：炫耀物、他人肯定、炫耀对象。

　　炫耀物：自认为正面的、能得到大众认同的事物。注意，炫耀物不一定是某个客观存在，也可以是一种行为、一种品格。我看过一个讨论式的电视节目，请了几个专家学者，主题是关于"助人为乐应不应该谋求报偿"，并请到了几个普通观众参加讨论。这些观众站起来阐述问题时，期间节目主持人简单地做了一下复述，如"我觉得助人为乐不应该谋求报偿"。接下来就开始长篇大论地描述自己在哪一年帮助过谁谁。这其实就是一种对行为和品格的炫耀。

他人肯定：如果满足于自得，那么就是那种只通过自我认同就能得到满足的人；而作为社会化最强的生物——人类，需要认同简直是一种本能。只不过，有些人依靠自我认同就能取得心理状态的满足，而大多数人则更需要其他人的认同。前者由于只需要自我认同，所以做事往往显得更加纯粹、更加稳重，也更不容易被外界侵扰；而后者其实是大多数人的状态，需要其他人的认同，才能完成自我认同。

炫耀对象：当事人一个人独处的时候，不会产生炫耀情绪；炫耀情绪只存在于有其他人存在的时候，否则炫耀给谁看呢？

自得和饱满单纯的炫耀

自得是炫耀情绪的前提，当一个人准备通过炫耀物炫耀自己时，必定有一个自我肯定炫耀物的过程，这个过程产生的微反应，就是自得反应。

自得反应也就是我们平时所说的洋洋自得，愉悦是这个反应的基本情绪，自我肯定是自得反应的基础。综合这两种心态以及我们在生活中随处可见的洋洋自得，可以给出以下的反应描摹：

嘴部抿住或微微张开，形成大括弧；眼睑稍微闭合；眉毛松弛；额头抬起，能看到细微皱纹；身体状态也是呈现放松和舒适的。微笑和自信，就是洋洋自得。

任何一个人，在肯定自己的某种事物时，都会有自得情绪，也会有或轻或重的自得反应，这种反应是炫耀的前提。但如果当事人不满足于这种自得，需要寻求其他人赞同的同时，恰巧其他人又在场，那么就构成了炫耀的三个要件，炫耀心态就此产生。

一个饱满而单纯的炫耀，表情依然停留在自得，身体动作则会有强烈的展示性。炫耀说到底就是一次展览或推销：把炫耀物拿出来给所有人看，因此，炫耀反应大多也是开放式的。如果是一件东西，就会把这件东西摆在令所有人都能看见的地方；如果是讲述某事，就会做出一副高高在上、咄咄逼人的架势，以便让所有人都能听到自己的话。值得一提的是，女人的化妆其实也是一种炫耀，是对自己美貌的炫耀。

压抑炫耀和反炫耀

在东方国家，炫耀不被广泛认同，人们仍然认为得意不可忘形。所以大多数人会对炫耀进行遮蔽，而且他们在炫耀时往往会紧张，这就使得单纯的炫耀很难出现。人们会对炫耀进行自我压抑，并且在真正的炫耀到来前，会出现试探和自我压抑。

我经常去的咖啡馆里有一群文艺青年，我也是其中之一。有一次，我背着朋友新送给我的吉他去馆里，几个朋友凑在一起一边喝咖啡一边评论我的吉他。这时候，一个平素就爱炫耀的小伙子问我："是单板吗？"（单板琴比较名贵）。

我说："是。"

他"哦"了一声就不再说话。

后来，我的其他朋友告诉我，如果你当时回答"不是"的话，他就会告诉你，他的那把琴是单板。

看，这就是对炫耀的压抑，一个饱满单纯的炫耀就应该直接告诉我："我有一把单板琴。"老北京城的顽主们，炫耀起来都是这个范儿。他们玩扳指、鼻烟壶、鸟笼子、蛐蛐罐、核桃、葫芦等。当你向他们虚心请教的时候，他们会一一给你指出什么东西，好在哪里，要去怎么品评、把玩。一旦他们拿出自己的宝贝家什，绝不会多说一个字，往前一摆，神情悠然自得——哪里好您得自己观赏，我可不能老王卖瓜。

嫉妒心理是动态、多样的

嫉妒心理的形成和发展机制是：羡慕到仇恨，仇恨到攻击。而一系列的嫉妒反应也是遵循这个轨迹。所以，嫉妒心理往往是动态、多样的。这是一种极为复杂的负面情绪，虽然很容易观察到，但很难彻底观察其成因。

就在前几天，我和在异地的未婚妻煲电话粥时，电话那头忽然出现了她室友的声音，很不客气地对我的未婚妻说："如果要长时间打电话的话，请到走廊去，你这样会影响其他人学习。"

我在电话这边听到之后有些愤怒，大学寝室本来就是放松的地方，想看书学习可以去自习室，遂跟未婚妻说："你把电话给她，我跟她谈谈。"

谁知未婚妻竟然乖乖地披了件衣服走到走廊上，告诉我："这个室友平时是个挺随和的人，只是今天刚跟一个研三的学长表白失败，所以见不得情侣间的卿卿我我……"

平时很随和的人，在表白失败之后就见不得情侣间的卿卿我我，这是为什么呢？很简单，因为这是一种奇妙的心态反应——嫉妒。

人们都有欲望，欲望是人们从事所有行为的最根本原因。欲望的层次有高有低，低层欲望是生理的、必需的，如吃饱穿暖；高层欲望则是在低层欲望满足以后产生的一种更为精神化的需求，如大众认可、自我实现、心灵需要。马斯洛的人类需求学说，阐述的就是这个问题。

但是，即使在自然科学发达、人文科学昌盛的今天，人类的需求也不是那么容易满足的，尤其是高层需求。而当需求无法满足时，把欲求不满所产生的负面情绪转移给境地与自己相同但取得了（至少在当事人看来）与自己相同或类似的满足的人，这种心态就是嫉妒。由这种心态产生的一系列反应，就是嫉妒反应。嫉妒反应的基本表现是仇恨。

仇恨和焦躁是所有嫉妒反应都会出现的情绪，当事人因为种种原因导致欲望无法满足，因此，会仇视那些相对幸福的人。有几家比邻而开的日用杂货店，其中一家靠着街边拐角，另几家只是单纯的街边门市。人们有一个很奇怪的心态，当这样几家店同时存在时，如果没有别的甄别标准，大多数人往往会选择街边拐角的店而不是单纯的门市，似乎是因为拐角看起来更加独特。无论如何，拐角的日用杂货店生意一天火似一天，而旁边那几间店则稍显冷清。

有一天，一位客人来买电热毯，先去了冷清的店，看好了一个样式，但询问价钱之后没有出钱购买。继而进了拐角的那家店，稍微询问价钱就拿走了那款相同款式的电热毯。

这其实是很平常的顾客心态：货比三家。

但这件小事点燃了那家冷清店老板娘的火气，看到顾客从拐角日用杂货店拿走了电热毯之后，立即追出来把顾客骂了一顿。顾客脾气似乎也不小，而且自觉自己没什么过错，就转过身和她争吵了起来。眼看着冲突就要升级时，拐角日用杂货店的老板为了不影响生意，就从店里走出来劝架。

这一劝架不要紧，彻底把那位老板娘的火点着了，她顺手抄起一个炒勺，向拐角日用杂货店的老板掷了过去。这位老板冷不防被炒勺击中头部，当场昏迷，经医院鉴定为轻度脑震荡。

报案后，警察立即来现场取证，如果走司法程序的话，必定要判老板娘一个轻伤害，少说得坐三年牢。但躺在医院里的老板似乎同意和解，这件事也就没闹到法庭上，但这位老板娘破财免灾是免不了的了。

因为嫉妒隔壁店的生意好，所以脾气越来越急躁，这就是嫉妒反应的仇恨和焦躁的一面。其实，这位老板娘的仇恨对象本来是隔壁的店，但由于要在一起做生意，所以老板娘暂且压制住对他们的仇恨，转而把仇恨发泄到另一个对象上——那位顾客。

然后拐角日用杂货店的老板出来劝架，这就令冷清店的老板娘压抑不住了，也就有了之后的攻击行为。攻击行为也是嫉妒心态的典型反应。

古语有云：木秀于林，风必摧之；堆出于岸，流必湍之；行高于人，众必非之。反映了一个极为普遍的心理学原理：人们对那些比自己成功、比自己突出、比自己更得宠爱的人，很容易就会引发出嫉妒之心，而这种嫉妒之心，通过怨恨、排挤、诋毁、中伤、诬陷、破坏、阴谋、暗害等方式爆发出来，能够变相地满足嫉妒在情感上的反应，让心理达到暂时的平衡状态。

嫉妒产生的仇恨和焦躁，一般都会发生攻击，有时是语言的，有时是直接的暴力攻击。当然，有的时候当仇恨无法转变成实际攻击时，就有了另一种方式——轻蔑。

你有时会在当事人的脸上捕捉到典型的厌恶反应：撇嘴、皱眉、嘲笑。但是，嫉妒反应中的厌恶反应严格来说是一种伪反应，因为你只会看到当事人故作的轻蔑和厌恶，并且这些表情都停留在脸上，轻蔑反应的当事人必定是先在心里认同了嫉妒的对象，才会产生嫉妒。

　　人们有嫉妒情绪是正常的，但放任嫉妒的蔓延、把嫉妒变成一种实际的攻击方式，这就很危险了。有效克制这种嫉妒的最好方法，其实很简单，分成两步：第一，你要明白自己要的是什么，为什么会嫉妒；第二，想要吃苹果就去咬，想要用苹果就去努力工作，嫉妒永远不会给你任何苹果，只会给你恶果。

针对心理是攻击反应的心理成因

针对心理是攻击反应的心理成因。一般来说，有社交交集的两个人，都会产生针对心理。但事态的发展和当事人性格的差异，会令这种针对心理越来越强，逐渐演变成实际的攻击心理。当这种心理转化为实际行动后，就有了攻击反应。

当人们遇到有威胁的信息源时，如果信息源威胁过大，到了自己无法承受的地步，那么就会出现冻结或逃离反应。但面对威胁信息源时，还会出现一种"你要战，便作战"的情绪，这就是攻击反应。

有一种观点认为："怒意是攻击反应的准备前提。"但这种说法存在问题。确实，最为极端的攻击反应是愤怒，愤怒反应会令身体不自觉地进入战斗状态：眉毛压低皱起，上眼睑睁开，下眼睑紧绷；面颊肌肉紧缩，鼻翼扩大；嘴紧抿或上唇微张，下颚靠前，下唇微微凸出，嘴角下压；牙齿强力咬合；头部压低，身体前倾，筋肉紧绷，可能出现握拳。

极端的攻击和防守心理，都有可能出现愤怒，但这不是绝对的。在非洲草原上，一只准备捕食的雄狮会对羚羊表现出多大的怒意？

当然，在生活中，人类的进攻不是依靠撕咬或砍杀，但在远古时代，人类捕猎战斗的本能依然残留在我们的基因里。狮子最强大的器官是血盆大口，所以猫科动物的攻击示警往往是竖毛龇牙，其战斗反应也是以面部为主。但人类最有利的武器是手，所以人类的攻击战斗反应绝大多数与手有关。

人最直接、最常见的指向性攻击反应，其实就是用手指人。无论什么场合、什么人，只要他用手指指向你，那么就说明他其实出现了对你的战斗心理。

我在中学时有一个小圈子，一名男同学和我，还有一名女同学，我们三个人经常在一起玩。

其实，那位男同学从上学的时候就一直喜欢那位女同学，但那时候不懂世故的我并没有发觉，总是死皮赖脸地跟他们凑在一起。直到毕业后，我和那位男同学在一起喝酒，他才告诉我真相，并用手指着我无奈地说："要不是你一直当电灯泡，可能我俩早就成一对了。"

他用手指着我，其实就有指责的意思，这就是一种攻击。当然，这丝毫不妨碍我和他之间的友谊。我想说的也是这点，在生活中，人与人之间的情绪绝非是单纯的，你千万不能期待你的好友、爱人对你一味地好，这是不可能的；你也不可能对他们一味地好。所以，当你在生活中发现他们的微反应对你抱有攻击、指责、拒绝甚至厌恶时，请千万不要因此就断定对方不把你当朋友。

言归正传，用手指指向人是最为直接的攻击反应。很多时候受限于礼节和场合，大多数人的选择是，用手掌指向别人。注意，当你介绍某人的时候，也用的是这个动作和手势。所以，一定要注意情景、场合，不要按图索骥。

当然，有一种人并不在我们的可观测范围内。有个成语叫作"狮子搏兔，亦用全力"。这句话的意思是，狮子即使在捕捉兔子时，也会用尽全力。这其实从一个侧面说明了进攻心态的精髓：一个纯粹的、不掺杂其他反应的进攻反应，就应该是没有杂念的；进攻者的一切念头都应该放在如何成功攻击对手，并让自己的支出减小到最少的程度。

中国古代兵家有这样几句话形象地阐释了这个道理：若山崩于前，面色发红者，谓之血勇也；面色发白者，谓之气勇也；面色发青者，谓之骨勇也；面不改色者，谓之神勇！

所谓面不改色，实际上是最为有利于进攻者的反应，这代表着，即便当事人准备狂攻不止，但其各项反应仍停留在原态反应阶段。他的一切攻击指令，都是在心如止水中得出的，不会做出能让我们观察到的微反应。好在这种人是百年不遇的将才，或传说中的杀手，但这并不是那么容易遇上的。

而更多的人，会面色发红、发白、发青。也就是说，绝大多数人在攻击前夕，是有迹可循的。

大多数攻击战斗行为的"初哥"都会紧张，看看他们发白的脸色和微微颤抖的手，你就知道了。

攻击行为之前的紧张情绪，源于人们对自己的不自信，其反应通常是过失性、无规律性的。即使一个有熟练攻击行为的"熟练工种"，出现不了紧张情绪，也会出现某种兴奋。

这种兴奋会令攻击反应向愉悦反应靠拢，你甚至会在他脸上发现笑容，无论是眉宇间的起皱还是嘴边的长括弧，都证明这是一个真实、发自内心的笑容。

攻击者的兴奋是因为对攻击行为之后产生的预期满足感：可能攻击行为会使当事人得到利益上的好处，也有可能攻击本身能够满足他的心理需求。但无论如何，大多数人都无法摆脱这种预期。而预期就会产生不同程度的兴奋，预期的满足感越强，兴奋就越大。

需要指出的是，无论是攻击前兴奋还是攻击前紧张，都是单纯的攻击情绪。须知，很多时候当事人发起攻击行为时的情绪，并不是单纯的。比如，在公司例会上，一个与你相熟的同事，准备对你发难，以稳固自己在公司的地位。此时，你可能会在他的微反应上捕捉到羞愧的情绪。而羞愧反应在很大程度上会抵消攻击反应，因此，你这位同事的反应应该是矛盾的、隐秘的、犹豫不决的。

他的眉毛会起皱，会羞于看你，身体尽量不朝向你，需要指向你的时候，也可能不会过于直接地用手指指向你。

但他也会呈现攻击反应：或许不会用手指指向你，但他会用手部的推送动作指向你；他会避免直接看你，但他在不看你的时候，对你的攻击一定是坚决彻底的。

当然，这里有一个"当量"问题：这位同事跟你关系越好，他呈现的羞愧感就越强；反之，如果你看不见他对你发起攻击时有羞愧感，那很可能说明了他平时也只是在耍你。

在现代社会，语言甚至成为攻击的主要手段，如法庭。而在其他场合，即使语言不是进攻手段，也会有很多进攻性语言反应。咄咄逼人就是这类反应的核心。一个进攻者的语言姿态一定是咄咄逼人的，即使他在有意识地控制自己的情绪，你一定还能听出来里面的差别，如代词的转换。记得小时候，父亲习惯称呼我为"儿子"，可一旦我犯错，他就会叫我全名。

疲劳反应是生理机能对抗能量流失的结果

　　能量流失产生疲劳，从轻度疲劳到重度疲劳，可以说一切的疲劳反应都是人的生理机能对抗能量流失的结果。口误、打瞌睡、困倦、疲劳性休克，你会发现这类反应与人体能量之间有着极为紧密的联系。把握住这种联系，你也就能够看清一切疲劳反应的脉络。

　　人体是最精密的机器，纵观整个大自然，在复杂程度上唯一能够与人体相媲美的，就只有大自然了。但是，既然是机器，就必然需要能量，而能源在没有补充的情况下总会枯竭。当人类的精神能量枯竭不济的时候，产生的一系列反应，我们将其称为疲劳反应。疲劳导致的昏迷则是疲劳反应的最饱满表现。当然，会陷入这种境地的情景不多。所以，我们退而求其次，着重研究一种常规的、次饱满的疲劳反应——睡眠。

　　我们平时思考时所占用的脑，只是脑组织中的一小部分，我们称为脑表层。这一部分虽小，但在人们清醒时，须时刻处于运转状态，是人体的直接司令员，很容易疲惫。而更深层次的脑，是人类未曾探究的、掌管人的潜意识的深层脑，会在我们睡眠时住在身体里。

　　所以，睡眠其实就是令表层脑进入休息的一种方式。睡眠越深，表层脑休息越彻底，人的精神越充沛。在睡眠中，由于表层脑不再起作用，所以人们的面部和身体呈现自然松弛，表层意识进入休息状态，潜意识代替了思考，所以就有了梦境，平日里不敢说的东西甚至不敢想的东西，梦境里都有。

人们在睡眠时需要安静的场所，这是因为表层脑的运作是依靠信息反馈来唤醒的。而强烈的光、刺激性的气味、嘈杂的声音，这些都是强刺激信息，它们会强迫表层脑进入工作状态，无法休息。人们根据这个原理，发明了疲劳审问：通过强光照射使嫌疑人无法睡眠，审讯者24小时不停地审讯，导致嫌疑人疲劳至极却无法入睡，这是对表层脑最大的伤害，其痛苦程度几乎超过了其他肉体刑罚。

疲劳会使人产生一系列的反应，而这一系列反应的基本动因是能量流失。疲劳反应的表情部分，也遵循了能量流失原则。要知道，我们的一切表情，都是由能量支撑或为能量的进一步运动做指示的。在惊讶反应中，人们会吸一口气作为能量存储；在愤怒反应中，人们会加速喘息速度，完成更快的新陈代谢；在大笑和哭泣中，人们会将能量不加控制地进行无序宣泄……

而疲劳反应的基础是为了恢复能量。所以，当疲劳使人能量流失的时候，人们会失去做出表情的能力，最大限度地接近原态反应。人们会变得面无表情，但并非木然，而是悠然的面无表情。人们在进入深度睡眠时，就是这样一副悠然自得的表情，这也是纯粹饱满的疲劳反应。

而在生活中，纯粹饱满的疲劳反应并不是那么常见的，大多数的疲劳反应都会夹带着其他情绪。譬如说，疲劳而得不到休息的人，会产生痛苦感，并对阻止其休息的信息源呈现厌恶甚至憎恨。

在正常状态下，人们感受不到那些施加在自己身上的重力，但能量流失后，重力感鲜明地回到了人的身体上。"失去抵抗重力的姿态"是疲劳反应肢体部分的代码，陷入疲劳的人，会垂着肩膀，四肢无力，行动缓慢……

疲劳同样影响着人们的语言能力，随着疲劳程度的加强，人们的语言能力将会越来越被剥夺，直至消失殆尽。

著名足球解说员韩乔生先生，就是以"过失"出名的，来看看他说过的那些令人啼笑皆非的解说语言。

"随着守门员一声哨响，比赛结束了。"

"各位观众，中秋节刚过，我给大家拜个晚年。"

"队员在平时的训练中一定要加强体能和对抗性训练，这样才能适应比赛中的激烈程度，否则的话，就会像不倒翁一样一撞就倒。"

"国外的球员都非常敬业，比如马特乌斯，小孩出生3个月后就上场比赛了。"

"范志毅前几天还在发高烧，高烧36度8；守门员区楚良身高1米82，体重28公斤。"

"在上周刚举行了一场别开生面的婚礼。"

"可能有的观众刚刚打开电梯，我们再把比分……"

"巴乔在前有追兵、后有堵截的情况下带球冲入禁区。"

"这球算进，进球无效。"

"已经有很多俱乐部表示要购买皮耶罗，拉齐奥出价3000万美元，曼联出价更高——2800万美元。"

"每一寸草皮都在进行激烈的争夺。"

"只见防守队员一个队员两条腿，两个队员四条腿，三个队员八条腿。"

"XX球员30公里外一脚远射！"

"以迅雷不及掩耳盗铃之势……"

"球被守门员的后腿挡了一下。"

"巴西队的后防线是清一色的巴西队员。"

"守门员安琪参加了今年在墨西哥举办的世乒赛。"

韩乔生先生的"过失"解说已经成了一种风格、一种标签，而这种标签产生出来的幽默效果更是让人们对此乐此不疲。其实，足球解说员们的真实生活往往不像他们所展示的那样幽默和风度翩翩。要知道，世界足球的核心在欧洲，而时差导致欧洲人在吃完晚饭惬意地看球的时候，我们这里正是半夜两点。所以，解说员们必须在平时过着中国的时间，在赛时过着欧洲人的时间。高强度的工作下，一两个口误，是避免不了的。

在高危职业或涉及高危职业领域内，疲劳操作是被严格禁止的，如长途司机、手术大夫、施工塔吊驾驶者等。当从事这些职业的人一旦因疲劳产生过失，那么就会对自己或其他人的安全产生威胁。这也从另一个侧面证实了疲劳与过失之间的紧密关系。

即便我们从事的是普通职业，疲劳作业也是不可取的，因为这会令你的工作质量下降。大学时代，每次不能按时完成论文的时候都有这个感受。因为要在截稿期限的前一天写完5000字，水平之差、漏洞之多让我这个原作者都不忍卒读。

而且，对现代人的身心健康来说，养足精神的意义要大于吃饱饭。所以，无论从哪个方面来讲，我们都应该避免疲劳。当你的身体出现疲劳反应时，就必须要意识到，休息的时间到了。

不同地位的人，在神态表情上也不同

地位反应虽然在一定程度上依从人们的客观地位，但更多的、更具有决定性的地位反应依据，还是人们对自己的主观地位认知。这二者是具有一定差异的，一个没有弱者或强者自觉的人，你很难在他身上看到地位反应。而通常，这种强者或弱者的自觉越重，这种反应也就越留着痕迹，越容易观察。

孟德斯鸠在《论法的精神》中曾阐述过这个问题：在封建社会，社会的主要动力是荣宠。也就是说，在那时候，荣宠和身份权利决定了一个人的社会地位高低，一个开国世袭的落魄男爵要比一个腰缠万贯的商人有地位得多。而在当代社会，社会地位变得多元化起来，可仍然逃不出三个可以互相转化的定义：金钱、权力、名望。

人们根据金钱、权力、名望，把人分成了三六九等。但多元化并不是与封建社会最大的不同，最大的不同是在如今，人们通过自我奋斗等手段改变社会地位变得更容易了，起码比封建社会容易得多。

在与不同或相同社会地位的人接触时，会产生哪些微反应呢？这就是本节要讨论的问题。为了方便讨论，在本节中将把地位较高的人称为上位者，地位较低的人称为下位者（本人很不喜欢这种充满了阶级异化和等级思维的称呼，但为了行文通畅，也是因为实在找不到更合适而又简单的词，所以暂且这么用，望读者朋友们海涵）。因地位异同而产生的不同反应，也可以分为三部分，即表情神态的地位反应、动作举止的地位反应以及语言的地位反应。

需要指明的是，本节中所提到的上位者和下位者都是相对的，即我们在说"上位者"的时候，就自然地假定当事人是在面对一个比自己地位低的人；绝不是说，上位者在任何时候都是上位者。

基于此，我们还可以推导出，上位者微反应的形成，肇始于当事人在客观上是个上位者，习惯性地发号施令；而下位者的形成，则是因为一个人有下位者的自觉，若当事人不认为自己是下位者，那么他将不会做出下位者应有的反应。

不同地位的人，在神态表情上有所不同。

下位者在面对上位者时：表情恭顺、严谨甚至严肃，眉毛低垂，眼睑张开度适中，嘴巴抿起来——低眉顺眼就是用来形容这种表情的。上位者越威严，下位者性格越不伸张，这种情况恭顺感较大。

但是，没有架子的老板和才华出众的员工，同样会出现这种反应。平时，你看着员工可能和老板之间有很多平级之间才有的玩笑，但某个雷池，作为员工的他是绝对不敢越过去的，不信你看看他和亲密朋友在一起时的样子，你就知道了。

对于上位者的表情，大多数人，尤其是仇富者，可能会认为他们的神情总是嚣张跋扈的，嚣张跋扈是自负导致的：上位者对自己没有清醒的认识，认为自己比实际上更加上位。而自负的另一面是自卑，自卑也就是心理自我失衡，这种人需要一种状态帮他把心理"扶正"，于是，就有了嚣张跋扈。马克思所说的奴隶变成奴隶主后会比其他奴隶主更加凶残，就是这个道理。

所以，一个真正、纯粹、健康的上位者，并不单单只是个习惯于发号施令的人，而是一个地位较高的决策人，其表情应该是稳重而淡然的。

动作举止是肢体反应的重点。正如下位者这个词的本义，由于他们是"自我认知"的下位者，所以在身体的方方面面都有"下"的自觉，他们几乎会在所有上位者的场合，不自觉地放低身体。

比如握手，下位者会在握手时习惯性地鞠躬、低头，甚至双手握住上位者的手。

中国北方的酒桌文化还衍生出了一个很有意思的习俗，那就是当两人碰杯时，下位者会把杯子放低——低于上位者的杯子，上位者见状，如果客气的话，也会把杯子放低一些，但比下位者稍高。

除了肢体动作的低以外，下位者还有习惯性的冻结反应，尤其是心理素质不好的下位者在遇到了比较严肃的场合时。在办公室里，一群正在聊天的员工，一旦见到一个很有威严的上位者，大家会马上闭口不言。

而在电梯里，你去看不同人的站姿，也能从中看出他们的地位反应：下位者习惯于冻结式的站法，趋近于立正；而上位者往往双腿叉开，站得很悠闲自得、旁若无人。

不同于下位者的自我认知，上位者的前提是客观上的上位者，一个主观上、自认为上位者的大多数动作只是模仿其他上位者，以建立某种心态守恒：我是总经理，我应该时刻绷着脸，昂首挺胸。

　　一个真正的上位者其实不太在乎这些，他们会自然而然地做到这一切。核心在于：动静如常。日本的电影《大佬》由北野武主演的，他经常在电影里低着肩膀、弯着腰，走起路来也是乡下人才有的八字步，但丝毫不影响他作为一个上位者的形象。所谓"自在"，就是指这个。

　　言语上的地位反应，下位者往往表现得比较明显。由于下位者的自我冻结心态，使得他们在说话时会显得越发恭谨谦卑，对上位者也多用尊称。

　　除此之外，下位者在对上位者讲话时，会习惯性地使用正式语言，尽量避免口语化。而上位者的语气相对比较无所顾忌，并且祈使语气居多。而一个喜欢用语言炫耀优越感的上位者，并不是一个正常的上位者，只能说是一个自我认知的上位者、一个自负且自卑的上位者。

　　综上所述，上位者心态也是有一定缺陷的，那就是无视感过强。虽然不会鄙视下位者，但上位者会不自觉地把下位者无视掉，使之成为自己计划运行的一个工具或部件。上位者们有时会分不清场合，显得过于傲气，就是这个原因，平时在下位者面前习惯了无视他人，所以到了其他场合也习惯这样了。

　　我记得某相亲节目里面，有一期来了一位男嘉宾，是日本的华侨商业骄子，手下掌管着不止一家公司。而在现场，他虽然表现得很有礼貌，却多少有些上位者姿态。比如，其他人都称呼主持人为"某某老师"，而他则直呼主持人全名（在这一点上我个人觉得他一点儿都没做错）。于是，一名女嘉宾很愤怒地对这位男嘉宾怒斥："你傲气什么？你不就是有几个臭钱吗？"

　　这位男嘉宾闻言一头雾水，满脸冤枉，似乎是在莫名其妙地反问：我怎么了？

如前文所言，上位者与下位者这两个概念是相对的，不是绝对的。在适当的时候，他们都会对调，或变成另一种人——平等者。

平等者也是个相对概念，即当事人认为对方身份与自己相当。两人如果处于敌对关系，就是旗鼓相当的对手；如果处于友善关系，就是互惠互利的伙伴。

平等者不会有下位者的谦卑和拘束，也不会有上位者的无视和散漫。平等者会很认真地聆听对方的话，注意对方的存在，并且会阻止对方做出下位者姿态。

当然这种平等者只是自我判断，也就是说，甲乙交往，甲自认为与乙平等，但这未必是乙的认知，乙可能会认为自己是上位者或下位者。

比较典型的案例是《三国演义》里的"煮酒论英雄"：曹操认为自己与刘备身份地位相等，所谓"天下英雄只有你我"，但刘备明显要表现得"怂"一些，他怕招来杀身之祸，于是，借口被一声惊雷吓得把筷子掉在了地上。

同步反应是最为神秘的微反应

同步反应堪称是最为神秘的微反应，我们对同步反应的一切解释，都是基于假说。但是，几乎所有人都相信，人们存在个性的同时，同样存在某种共性。而这种共性，会令人产生潜意识的不自觉的一系列反应，这就是同步反应。

把一组音（八度）分成十二个等份，每一个等份为一个半音，音程称为小二度；每两个等份为一个全音，音程称为大二度。采下七个全音和一个半音之后，整个这一组音变成了八个音符。这就是现代音乐的基本乐理——十二平均律。十二平均律起源于欧洲，由巴赫在《协和音律曲集》（又译作《十二平均律曲集》）中提出这个名字。由于其严谨性和包容性以及西方文明的强势崛起，使这种音律变成整个世界通用的音律法。

可是如果你认为是西方人最早发明的十二平均律，那可就大错特错了。到底是谁发明的十二平均律，根本就无从考证。在中国春秋时代就有十二平均律的相似记载，明代朱载堉的《律学新说》则把十二平均律系统化整理；非洲音乐重视打击感，但并不是没有旋律，而非洲音乐的旋律部分虽然受限于文明程度，没有变成系统律学书籍，但仍然暗合十二平均律的规律。20世纪初，人类学家踏上南太平洋小岛时，听到了一些当地土著的音乐，虽然简单却韵味十足，受过基本乐理训练的人都能马上发现，他们的曲子也是符合十二平均律的；还有美洲土著……

　　不同地域的人，由于气候、人种、文化、生活习惯的巨大差异，其隔阂近乎无法弥合。但有一样东西能令大家都听懂，那就是音乐。

　　但仅仅是音乐吗？这是否反映了人类所具有的某些其他特质？

　　很多人类学家认为，答案是肯定的。人类的行为会自发地形成一种趋同性，人类的这种潜意识的趋同性行为，我们称为同步反应。

　　如果你嫌十二平均律太复杂的话，我们再来说一个简单的现象。

　　回忆一下你的学生时代，在教室里的时候，如果有一个人咳嗽，那么是否马上会有几个人跟着他一起咳嗽？如果有一个人打哈欠，是否马上会有几个人跟着他一起打哈欠？

　　我知道你已经明白我要说什么了。我再顺便告诉大家一个你们可能不曾注意到的规律：带头咳嗽或打哈欠的人越受欢迎，他们能够带动起来的人就越多。

　　群体趋同方向是那些容易受欢迎的人，这基本可以证明了趋同反应是一种证明的、由潜意识认同而生成的反应。敌人之间很难产生同步反应。

　　很多人或许认为这种同步反应只是单纯的模仿，这是大错特错的。据医学统计显示，许多完成心脏移植的病人，在痊愈后，明明没有见过心脏的原主人，但行为方式慢慢变得跟心脏的原主人越来越像。

　　同步反应对人的趋同性影响有三类：情绪影响、举止影响、语言影响。

表情同步反应

表情的同步反应很有意思，你注意过贝克汉姆和维多利亚夫妻俩吗？他们在婚后的表情越来越相像。中国古代也有夫妻相的说法，意思是两个相爱的人往往看起来很像，这其实就是面部表情的同步反应。

相爱的人会模仿对方，无论一颦一笑，都会潜意识地争取和对方一模一样。而脸上的纹路成因，很大一部分就是表情的变化：经常笑的人鱼尾纹和括弧纹会很重；经常忧郁的人鼻翼两侧沟壑会很深；经常哭泣的人则会见到明显的法令纹。

因此，相爱的两个人会有类似的纹路，就算脸型和五官差距较大，但是，看起来也会有相似之处。

当然，表情的同步反应绝不仅仅是爱人之间，朋友之间也是如此。仔细想想，在某个场合，有人给你讲了个笑话，但你并没有找到笑点，可是，你却因为朋友们的捧腹而捧腹。

还有些时候，你路过一个陌生人的葬礼，你与死者非亲非故，却因为这个悲伤的环境而感到悲伤。

世界杯结束，西班牙夺冠，即便你不是西班牙球迷，但只要你不是意大利的球迷（西班牙和意大利之间积怨颇深），那么都会情不自禁地与西班牙球迷一起狂欢。即便你是意大利球迷，恐怕你也只是硬"绷着"不跟着一起开心。

他人的情绪可以影响到你，情绪的同步反应甚至可以超越敌人的界限。兔死狐悲，说的就是情绪的强大感染性。

行为同步反应

人们在言行举止上的同步反应，更像是下意识地模仿。你见过给孩子喂奶的妈妈吗？她们的神态足以说明这个问题：她们会在孩子张嘴的时候，条件反射似的也把自己的嘴慢慢打开。

再看看在国际会议上，国家领导人之间的行为举止所反映出来的同步性。

以色列首脑在和克林顿或小布什会晤时，其动作永远是一致的，但他们和阿拉法特在一起时则对冲明显。

克林顿在公开场合看似风度翩翩，但只要你看他和希拉里在一起时的样子，就不难发现他对希拉里的模仿，所以当时，在这个美国第一家庭到底是谁拿主意也就不言而喻了。

布莱尔在执政生涯后期，习惯性地把手挂在皮带上，做出一副美国西部牛仔的样子，你可能会惊讶地发现小布什总统也是这么做的。而自那时起，英国的国际政策也越发地对美国亦步亦趋。

除了小动作之外，行为习惯甚至也会产生同步反应。

我爷爷在喝酒的时候，习惯用拇指和中指掐着酒杯，这个动作放在当代多少有些女性化，但在以前据说是文人的习惯行为，爷爷虽然性情很"爷们"，但这个习惯性动作一直保留着。

大学毕业后，爷爷去世，家族的人聚在一起之后，我惊讶地发现叔叔伯伯们举杯的手势竟然和爷爷一模一样。

语言同步反应

我有一位朋友，家乡在宁夏，在东北读大学，在湖南实习，在北京工作，现在被外派到福建常驻。他在福建给我打电话问我能否到宁夏参加他婚礼时，口音带着南方人的软绵。但我清楚地记得，一年前我们在北京见面时，他的京腔比我标准，而且我跟他相识在东北，那时候他说话也是完全的东北味。后来，我去宁夏参加他的婚礼，他又变成西北口音，把"你这个人"读作"你这个仍"，仿佛他根本就不会发前鼻音似的。

我这位朋友的语言天赋很高，所以才能把几类方言学得惟妙惟肖。而其他人或许学得不会这么像，但多少也会受到方言语境的影响，"对什么人说什么话"。很多学习语言类专业的大学生都有过这类感叹：如果有口语语境的话，胜过在课堂上学十年。

介绍完了三类同步反应，我们还有必要指出，有些时候，故意地模仿也有可能转化为同步反应。

据说内地有一个刘德华的狂热歌迷，他非常喜爱刘德华，每天都要看刘德华的演唱会和采访，并在生活的一切细节上尽可能地向刘德华"看齐"。几年下来，不但学会了粤语，而且他的一举一动也与刘德华很相似。经过化妆师稍微化妆后，竟没有人能分得清他和刘德华孰真孰假。

在这则案例中，这位歌迷一开始的模仿行为是故意的，而非同步反应；但最后，他开始潜意识地把自己当成刘德华，否则，很难解释为什么他会与刘德华那么相像。

由胜利或失败造成的微反应

兵法皆称"胜不骄，败不馁"，这么说是因为人的骨子里就有胜而骄、败而馁的潜质。而这种心态会令人们失衡，失去"客观冷静"的平衡状态，在客观上这种失衡会对战略部署造成不利，却又难以克服。然而这种潜意识的失衡，其实就是需要我们观察胜利者和失败者的微反应。

如果你是个足球迷，那么一定对这个场景很熟悉：一场决赛结束后，胜利的一方高举双臂，以狂欢庆祝夺冠，很多球员甚至翻跟头，或者一个冲刺跑进本方球迷阵营里，与他们拥抱；而失败的一方则垂头丧气，无精打采，有些甚至啜泣。这种由胜利或失败造成的微反应，我们称为胜败反应。

胜利者和失败者在得知胜败消息之后，有着截然不同的反应，这种反应粗看上去，是愉悦和悲伤，但实际上又有着很大的不同。比如，单纯的愉悦就没有"喜极而泣"这种反应，可当2012年曼城获得英超冠军后，等了几十年的老球迷真的哭泣了。

所以，胜败反应是一种典型的复杂反应。

胜利反应

即便是一次小小的胜利也能令人心生愉悦。愉悦是胜利反应的第一要件，胜利不可能没有愉悦，有些时候，胜利产生的愉悦会被其他感情压下去，所以你或许在当事人脸上捕捉不到，但你总能发现他拥有愉悦的痕迹。

比如，很多时候当事人受限于场合或其他因素，必须压抑胜利反应，使自己的表情变得淡然，以符合身份；但一切其他的反常行为却出卖了他的心。

发生在我国南北朝时期的淝水之战，先秦大军80万南征东晋，意欲鲸吞东晋，统一天下。东晋宰相谢安主持抗敌，在战前，他做了许多调度，瞄准了先秦军队的弱点，主动迎敌，并没有坐以待毙。

两军主力对阵前，谢安正在下棋，任何人都看不出这位宰相有什么紧张的。几个时辰后，前线捷报传来，秦80万大军土崩瓦解，东晋奇迹般地大胜。谢安闻言只是淡然地说"下完这盘棋"。

所有人都被谢安的淡定所折服，谢安也确实泰然地下完了这盘棋。棋毕，谢安准备出门，木屐在门槛上绊了一下，一只屐齿被绊掉了，他竟然没有察觉，就这样去了朝堂……

可见，谢安的情绪也是狂喜的，但多年的教育和涵养让他并没有喜形于色，可那个绊掉的屐齿清楚地表明了他的心情。

单纯的胜利，只有愉悦，而除此之外，胜利反应往往会带着一些其他的心理因子存在，对人的反应的影响也会不一样，这样就会产生更为复杂的胜利反应。

胜利中的炫耀就是这样一种常见的、复杂的胜利反应。一般来说，当事人会产生这种反应是因为他取得的胜利能够被大众认可，他在享受胜利的同时，也有着被大众认可的渴望，所以也会有炫耀型的胜利反应。当然这种炫耀可能在含蓄的东方文化中比较不被赞成，但西方人比较能接受炫耀胜利。意大利著名球星托尼在进球后有一个驰名世界的庆祝动作：把手放在耳边晃动—— 意味，你们欢呼得还不够！

当狂喜和大悲结合在一起时，就有了喜极而泣，喜极而泣是一种典型的悲喜交加，但喜的因子比较多。在古代，一个穷人家供养了一个孩子，希望他将来做个读书人，而这个孩子最终考上了进士，一想到父母不用再为自己过这种苦日子，他便喜极而泣。

失败反应

与五花八门的胜利反应不同，失败反应并没有那么复杂。单纯的失败反应有两个因子，正好与胜利反应相反：一是悲伤或悔恨情绪；二是能量的流失。

一次真正的失败必定有悲伤或悔恨，许多足球明星在输掉比赛后，如果神色如常，往往会遭到媒体和球迷的批评，因为人们认为失败者必须露出失败者应该有的情绪。对于一个球员来说，如果球队失败了而他自己没有失败反应，那么只能说明他不认为自己是球队中的一员，这样的球员，离被开除也就不远了。

除了悲伤和悔恨，能量流失也是失败者的一大特性。垂头丧气是失败者的最好写照：没有能量支撑躯干对抗强大的地心引力，只能微弯着腰，身体像一个泄了气的气球。

而当失败有可能与大众产生交集时，就像胜利反应中的炫耀，失败反应就有了羞耻。有羞耻感的失败者往往会在垂头丧气的同时，试图掩饰这种羞耻。

失败反应与胜利反应不同，毕竟这是一种消极心态，所以当事人常常会不自觉地隐藏这种微反应。但无论怎么隐藏，你都会从当事人身上察觉到能量的流失。我们经常说有人会带给你负能量，就是因为他们太习惯于失败，导致能量经常性流失，平时也就一副萎靡的样子，毫无阳光和斗志。